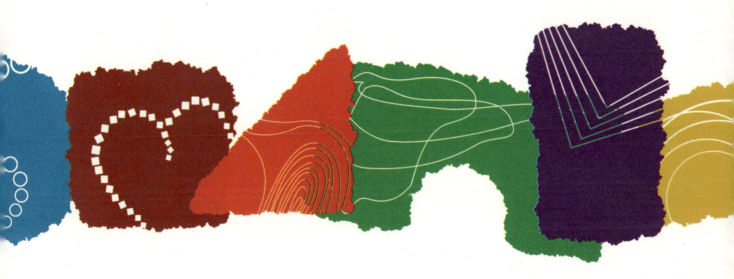

材料悟语
室内装饰材料设计与应用实验教学

杨冬江　编著
中国建筑工业出版社

图书在版编目（CIP）数据

材料悟语：室内装饰材料设计与应用实验教学 ／ 杨冬江编著．—北京：中国建筑工业出版社，2009
 ISBN 978-7-112-11318-7

Ⅰ．材… Ⅱ．杨… Ⅲ．室内装饰—建筑材料：装饰材料—高等学校—教材 Ⅳ．TU56

中国版本图书馆CIP数据核字（2009）第167085号

编　　著：杨冬江
助　　理：王晨雅
责任编辑：唐　旭　吴　绫
责任校对：兰曼利
装帧设计：倦勤平面设计工作室

材料悟语
室内装饰材料设计与应用实验教学
杨冬江　编著
*
中国建筑工业出版社出版、发行（北京西郊百万庄）
各地新华书店、建筑书店经销
北京画中画印刷有限公司印刷装订
*
开本：889×1194 毫米　1/20　印张：11　字数：288千字
2009年9月第一版　2009年9月第一次印刷
定价：68.00 元
ISBN 978-7-112-11318-7
（18550）
版权所有　翻印必究
如有印装质量问题，可寄本社退换
（邮政编码 100037）

目录

前言
思维的边界 杨冬江/007

第三届国际"创意未来——装饰材料创作营"活动概况 012

创作主题讨论会 016

软木小组
前期调研 040
创作笔记 043
作品概述 058
Jie-媒介 杨宇/061
有感而发 何小青/064

陶瓷小组
前期调研 068
创作笔记 071
作品概述 082
过程 张月/085
材料创作营侧记 张晔/092
这是一个开端 汪稼民/094

照明小组
前期调研 098
创作笔记 101
作品概述 114
一次探索边界的极限体验 管沄嘉/117
准备好了，光！行动起来！ 徐秀卿/120

造型小组
前期调研 134
创作笔记 137
作品概述 150
关于创作营和更多 李星勋/153

防火板小组
前期调研 164
创作笔记 167
作品概述 180
炫！！！ 彭军/183
材料创作实践与环境艺术设计教学展望 邱晓葵/186

木板材小组
前期调研 192
创作笔记 195
作品概述 210
装饰材料创作营的随感与展望 崔冬晖/213

前言

思维的边界

杨冬江

时光荏苒，装饰材料创作营已迎来了第三个年头。继前两届成功举办之后，在国内外建筑装饰材料企业及行业专家的大力支持下，第三届国际"创意未来——装饰材料创作营"开营仪式如期在清华大学美术学院举行。创作营由清华大学美术学院装饰材料应用与信息研究所主办，清华大学美术学院环境艺术设计系、中央美术学院建筑学院、中国室内装饰协会、中国建筑装饰协会、中美室内设计教育与研究基金、中国建筑工业出版社等多家单位联合协办。来自清华大学美术学院、中央美术学院、天津美术学院、上海大学美术学院以及韩国首尔大学、京畿大学、曎园大学和淑明女子大学共8所院校的近百名师生共同参与了此次活动。

本次创作营活动以"界"作为创作主题，共分为软木、陶瓷、照明、造型、防火板和木板材6个小组。营员们根据所获取材料的不同特性，表达并延展这一创作主题。大家通过亲身的理解、触摸与创作，建立与材料的互动和情感，提高对材料的理解和认识，积极探索材料应用的新的可能性，拓展材料表达方式的极限。

环境艺术设计本身是包含空间、造型、色彩、材料以及物理等诸多特定条件因素的综合产物。每一位优秀的设计师都会对材料——这种构成空间的基本要素有着充分的理解和认识。正如瑞士著名建筑师赫尔佐格所言："有些东西不太引人注意却影响着人们的日常生活，住在用混凝土造的房子里和住在用木、石建造的房子里是不同的，材料不只是形成了围合空间的表面，而且也携带并表达着房屋的思想"。

目前，设计领域中的新技术与新材料层出不穷，发展迅猛。人们已逐步从原有传统的设计思维中解脱出来，在设计中更加强调材料的使用方式和构造方法，通过新型材料的应用、

传统材料构造方式的变化来求得空间和形式的创新。

艺术设计本身就是体验性非常强的专业，很难想象一个没有坚实的专业基础以及丰富生活阅历的设计师能够设计出优秀的作品。由于所处的环境不同，提高生活阅历的手段、途径可能会因人而异。但是，专业基础和专业知识的获取却只有通过坚持不懈的学习而得来。在我国高等艺术教育领域，理论教学与社会实践相结合早已形成共识。然而，如何将这一思想深化到实际的专业教学之中却是大家一直关注和讨论的中心。材料是建造的基础，没有对材料的了解和认识又何谈掌握与运用。在装饰材料技术的研究与推广领域，产、学、研一体化的合作模式在国内尚不成熟，材料创作营活动举办的初衷就是希望能够更好地探索专业教学的广度和深度，通过实践教学使学生真正地了解和触摸材料，提升艺术设计的表现力与创新力。

在创作过程中,师生们一起运用多种类型的材料与产品,尝试各种不同材料所组合的多种可能性,重新发现生活中人们已习以为常的问题,记录不断闪现的思维碰撞与创意火花,力求在创作中提出简单而有效的解决方法并各自形成一套完整的创意和理念,深度挖掘材料的艺术表现力。

作为产、学、研一体化的合作模式的初步尝试,围绕装饰材料应用与推广的专业实践活动可能还会存在着各个方面的不足。但我们坚信,在诸多专业同仁积极热情地参与支持下,在他们充满激情的鼓励与带动下,包括创作营活动在内的实验性教学活动今后一定会越办越好。学校的专业资源和优势将应用于教育事业之外的更多领域,将更好地服务和回馈于社会。

In Memory of the Foundation:
The Visual Art Center,
Academy of Arts and Design of Tsinghua University

An exhibition space is indispensable to art schools,
for exhibitions provide an opportunity for faculty, students,
and the public to communicate, and also to study.
The Central Academy of Craft and Arts was established in 1956.
In the beginning, it got a wing of the auditorium in its former
campus on Guanghua Avenue as the exhibition space.
Then, in the year 1991, with the accomplishment of
The Building No.1, the Academy opened a formal Exhibition Hall
using the ground floor, basement and the lower garden.
After the Academy moved to Tsinghua University in 2005,
the Academy used the Main Hall of Block as an exhibition space.
Over the past 50 years, celebrated figures and young artists
associated with this Academy who make Chinese paintings,
oil paintings, prints, mural paintings and do crafts and designs,
have created numerous excellent works of art.
The former temporary exhibition space is inadequate.
Because of safety concerns and other considerations,
the Academy decided in March 2009 to utilize some parts of the
present space to create a Visual Art Center.
Changing the architectural structure,
a space with its own visual guide system,
decoration system finally took shape.

第三届国际"创意未来——装饰材料创作营"活动概况

■ **主办单位：**
清华大学美术学院装饰材料应用与信息研究所

■ **协办单位：**
中国室内装饰协会设计委员会
中国建筑装饰协会设计委员会
中美室内设计教育与研究基金
清华大学美术学院环境艺术设计系
中央美术学院建筑学院
上海大学美术学院
天津美术学院
中国建筑工业出版社
美国《室内设计》中文版
中国《装饰》杂志社

■ **独家网络合作：**
搜狐网

■ **媒体合作：**
中央电视台
北京电视台
中国教育电视台
北京青年报
新京报
经济观察报
中国建设报
美国《室内设计》中文版
《建筑装饰与装修》
《城市环境设计》
《艺术与设计》
《新视线》
《室内设计与装修》
《瑞丽》
《时尚家居》
《缤纷》
《时代建筑》

■ **活动主要内容：**
开营仪式
专业研讨
概念创意及制作
作品发布与讲评
大型展览

■ **活动地点：**
北京

■ **活动日程安排：**
2009年6月29日创作营开营仪式
2009年6月30日相关材料知识专题研讨
2009年7月1~2日概念讨论
2009年7月3日专业研讨
2009年7月4~9日创意制作
2009年7月10日作品发布与讲评
2009年9月21~31日大型展览

■创作主题：

界

■主题阐释：

界——边界、界线、界面
各组根据所获取材料的不同特性，表达并延展"界"这一创作主题

■创作目的：

提高对材料的理解和认识，建立与材料的互动和情感
将空间概念的内涵进行全新界定
以可持续的眼光看待材料，积极探索材料应用的新的可能性
通过对形体的塑造，增强对于材料的质感和可塑性的认识
学习对细部设计及构造的研究方法

■作品要求：

作品须为自我支撑的活动结构体系，可移动、可拆装、可再利用
作品须发展成完整的尺度以适应人在真实状态中的观赏或使用
每件作品在展出时需配合完整的概念及方案草图
作品长、宽、高尺寸原则上不超出5000mm×5000mm×3000mm

■创作营顾问：

郑曙旸——清华大学美术学院常务副院长、教授、博士生导师，中国建筑装饰协会设计委员会主任，中国建筑学会室内设计分会副会长，中国室内装饰协会副会长

苏丹——清华大学美术学院环境艺术设计系主任、教授，中国明式家具协会副会长

赵虎——美国《室内设计》中文版执行出版人

方晓风——清华大学美术学院环境艺术设计系副教授、博士，中国《装饰》杂志主编

■创作营总策划：

杨冬江——清华大学美术学院装饰材料应用与信息研究所所长，环境艺术设计系副主任、副教授、博士，中国室内装饰协会设计委员会秘书长

■创作营特邀带队专家：
张月——清华大学美术学院环境艺术设计系副主任、副教授
王辉——URBANUS都市实践建筑设计事务所合伙人、总建筑师
张晔——中国建筑设计研究院环境艺术设计研究院副总建筑师、室内所所长
何小青——上海大学美术学院建筑系副主任、教授
彭军——天津美术学院设计艺术学院副院长，环境艺术设计系主任、教授
王强——天津美术学院环境艺术设计系副教授
傅祎——中央美术学院建筑学院副院长、副教授
邱晓葵——中央美术学院建筑学院第六工作室负责人、教授
崔冬晖——中央美术学院建筑学院室内设计教研室主任
杨宇——中央美术学院建筑学院讲师
管沄嘉——清华大学美术学院环境艺术设计系讲师
魏二强——清华大学美术学院雕塑系副教授
汪稼民——广东省美术设计装修工程公司副总经理、总设计师
琚宾——著名室内设计师，水平线空间设计总监
徐秀卿（Swoo K. Suh）——IFI世界室内建筑师，设计师联盟前秘书长，韩国淑明女子大学设计系教授，中央美术学院客座教授、博士
李星勋（Lee Sung Hoon）——韩国暻园大学室内建筑系教授、博士，AIA美国注册建筑师

■创作营营员：
清华大学美术院
中央美术学院建筑学院
上海大学美术学院
天津美术学院
韩国首尔大学（Seoul National University）
韩国京畿大学（Graduate School of Architecture, Kyonggi University）
韩国淑明女子大学（Sookmyung Women's University）
韩国暻园大学（Kyungwon University）

■分组情况：

A软木：

吴尤（清华大学美术学院）
JUNG Junghee（韩国）
HAN Soowan（韩国）
赵囡（中央美术学院）
张越成（天津美术学院）
王蕾（清华大学美术学院）
王晨雅（清华大学美术学院）
郭笑含（清华大学美术学院）
带队专家：杨宇、何小青
合作企业：北京静林林洋软木制品有限公司

B陶瓷：

周亚华（中央美术学院）
陈欣（中央美术学院）
吕思训（上海大学美术学院）
KIM Insup（韩国）
胡筱楠（清华大学美术学院）
张颢（清华大学美术学院）
赵阳（清华大学美术学院）
李巧玲（清华大学美术学院）
带队专家：张月、张晔、汪稼民
合作企业：个性瓷砖有限公司

C照明：

张静（天津美术学院）
吴尚荣（天津美术学院）
KIM Yongseob（韩国）
HAN Jiyun（韩国）
陈其雯（上海大学美术学院）
赵国伟（清华大学美术学院）
申杨婷（清华大学美术学院）
王宇迪（清华大学美术学院）
带队专家：徐秀卿（Swoo K. Suh）、管沄嘉
合作企业：广东东松三雄电器有限公司

D造型：

朱煜霖（上海大学美术学院）
王英欣（清华大学美术学院）
苏靓（清华大学美术学院）
毛晨悦（清华大学美术学院）
康影（天津美术学院）
滕腾（上海大学美术学院）
KIM Hyosoon（韩国）
带队专家：李星勋（Lee Sung Hoon）、王辉、魏二强、琚宾
合作企业：杜拉维特（中国）洁具有限公司、上海盈创装饰设计工程有限公司

E防火板：

周宇（清华大学美术学院）
李诗雯（清华大学美术学院）
郑华（清华大学美术学院）
赵世超（清华大学美术学院）
龙云飞（天津美术学院）
张栋栋（中央美术学院）
Yi Chulhee（韩国）
YIM Sookyung（韩国）
带队专家：彭军、王强、邱晓葵
合作企业：上海富美家装饰材料有限公司

F木板材：

彭喆（清华大学美术学院）
王晓汀（中央美术学院）
苏圣亮（上海大学美术学院）
KIM Jisun（韩国）
LEE Yusun（韩国）
郭晓磊（清华大学美术学院）
赵希（清华大学美术学院）
刘梦婕（清华大学美术学院）
带队专家：杨冬江、傅祎、崔冬晖
合作企业：巴洛克木业（中山）有限公司

特别鸣谢： 韩国MAC建设集团

创作主题讨论会

时间：2009年6月28日

地点：清华大学美术学院美术馆

与会教师：张月、杨冬江、管沄嘉、李星勋、徐秀卿、王辉、傅祎、崔冬晖、张晔、琚宾

媒体代表：美国《室内设计》中文版执行出版人赵虎、《艺术与设计》杂志编辑主管朱林、《中国建筑装饰装修》杂志编辑岳俊、科普兰德设计师俱乐部总监米姝玮

杨冬江：欢迎各位老师在周末到清华来开这次讨论会，天津美术学院彭军老师和上海大学美术学院的何小青老师明天早晨到北京，所以今天咱们先大概碰一下头，把这次创作营要做的内容讨论一下，请大家提提意见。

今年的创作营已经是第三届了，参与过前两届的老师对于活动的基本情况都比较了解。今年，我们希望在前两届的基础上，作品的主题能够更明确一点，对于材料的理解和运用能够更深入一些。各位老师手上现在都有一份资料，第一页主要是今年活动的基本概况，第二页是关于创作主题的几点构想。今天请大家来讨论的核心便是今年的主题怎么做。今年我们所使用的材料与以往相比并没有太大的变化。第一年我们没有明确主题，大家分成不同的组，根据材料不同的特性充分发挥各自的想象力。第二年我们定了一个主题，也是探讨了一段时间的，方晓风、王辉、管沄嘉以及中央美院的各位老师都提出了各自的想法，最后定了一个比较宽泛的题目，叫做"材料的生命"。这个题定了以后也是各组发散做，但是同第一届相比无论从展示的效果上还是对材料的理解和使用上都有一些提高。

就在上周，我们有些老师又碰了一下头，讨论到了很晚，最终讨论的结果是希望能以"界"为题。明天是创作营的开营仪式，6月30日是材料企业对相关材料基本知识的介绍，7月1日最好导师再跟各小组成员碰一碰这个方案，2日下午有一个集中讨论，各个组的初步概念要讨论一下。这样做一是各个组可以提一点意见，二是我们对于九月份的展览效果可以预先有一个大致的构想。我们的展览大厅有600多m^2，8.5m的层高，是一个很大的空间。最终的展览展示可以说也是我们整个活动比较重要的一个环节。

7月2日下午有一个方案的集中讨论，3~10日是统一制作的时间，地点在教学楼的五层，是一个很大的房间，6个组在一起统一来做。我们为学生准备了一些基本的电动工具，有专门的技工协助同学。另外，我们也会为每个组提供一定的资金用来购买一些辅料。这次创作营有8所学校参加，我们清华大学美术学院的学生最多，有20多个。另外，还有中央美术学院、上海大学美术学院、天津美术学院以及韩国的4所学校。8所学校的学生混编在一起，由不同的老师带队。我想10日是作品完成的最后日期，大家在一起进行一次汇报和总结。因为假期的缘故，我们想等到9月21日再开始正式展览，这样会有更多的学生和同行对于我们的活动给予支持和关注。大概就是这样一个基本情况，咱们是不是可以针对主题再提一提意见？讨论一下最后做出来的东西到底要达到什么样的目的和效果。我们今年准备聘请杨宇老师来做这次展览的策展人，希望能够从整体上把握得更好一些，下面先请杨宇老师来谈一下他的看法。

*杨宇：*从头到尾一直参与了这项活动，也有一些经验教训。定主题还是希望它不光只是纯粹去追求展示的效果，最好能够从空间上或者是跟人的行为关系上发生一些关系。所以，强调一种边界也好，或是界限也好，这算是一个初始的概念，将来肯定各组要根据自身材料再进行发挥。第一届创作营特别明显，没有什么所谓的展览概念。我个人觉得通过这几次展览下来以后，真正的创作只有1个星期的时间，课题的研究性很难做得深入，我觉得它更像快题设计或者是即兴创作的东西。在这么短的时间内，我觉得应该像是命题创作的概念，所以展览这个主题也应该突出。展览应该有自己的概念，从布展到最后的展出形式都应该有自己的概念。这是我几次参加活动中感觉最

强烈的地方。老师们应当在展览的概念上花一些心思，包括展厅的应用，这么大的展厅我认为可以利用中间的空间，是不是可以设计成一个系列？展览就是一个大的设计、大的装置，大家的作品是不是都围绕着同样的一个主题？这个工作我们之前可能没有做过，也希望各位老师能够就这个问题发表一些意见。

杨冬江：根据不同的材料特性我们共分成了6个小组。之前，我们与部分老师以及企业作了比较深入的沟通。大致的情况是：第一组为软木小组，这个小组由杨宇老师和上海大学的何小青老师来指导，杨宇老师在6月30日左右就能够把这个组的材料挑选出来。因为静林软木（公司）在这3届的活动中一直在跟我们合作，大家相对比较清楚材料的特点，所以他们可以快速地上手来进行创作。

第二组陶瓷小组是由张月老师和张晔老师指导的,另外汪稼民老师来自企业,他与个性陶瓷方面一直有长期的合作。前几天我和崔冬晖老师去过他们的企业。这个企业比较注重设计,强调个性化,其口号是"一块砖都可以为你制作"。他们现在比较受欢迎的产品就是汪老师的设计。我们希望学生在创作营上可以用石膏做一些创新设计,然后从中挑选出一部分设计拿到厂里进行生产,等到展览的时候就会有一部分产品的应用成果,这样展出的效果会比较丰满,创作、生产加工和应用都会有所展示。

第三组是照明小组,由徐教授和管老师指导。三雄公司也是每年都支持我们的活动,但是这个组可以说是最难做、最不好做的一个组。因为这个企业主要生产灯具、光源和变压器产品,所以,前两届学生在制作的时候,做出来的作品大部分是使用它的光源,自己搭建场景来表现一些光的意境。企业当然是希望我们能够设计一些灯具的样式,但是太具象的东西与创作营的初衷又有所违背,各位老师可以多发表一些意见。

第四组是造型小组,造型组带队的老师有韩国的李星勋教授、王辉老师及琚宾老师,这个组的老师的实践经验都比较丰富,而且材料的可塑性也比较强。去年大家对造型小组的反映都不错,他们做的设计感觉就非常好,做了一个意向性很强的作品。今年我们与企业商讨的结果是学生在创作营期间制作1∶10或者是1∶5的石膏模型,然后连同计算机制作的3D模型一起交给企业,由他们来协助完成作品。这个小组我们还准备聘请学院雕塑系的魏二强老师来作指导。

琚宾:GRG主要是后期打磨比较费工夫,打磨要10多天,还有就是喷漆也比较麻烦。

杨冬江：防火板小组的带队老师，一位是天津美术学院设计学院的副院长彭军老师，他明天到；另外，中央美术学院的邱晓葵老师也出差在外地。

富美家是全球最大的防火板生产企业，这一组的材料主要是以防火板为主，另外富美家生产的色立石和抗倍特板也可以考虑使用。这个组的师生6月30日或是7月1日可以去富美家在北京的库房选材料，选好以后运回清华大学美术学院来制作。

木板材这一组的带队老师是傅祎老师、崔冬晖老师和我，我们这一组的赞助企业在北京也有库房，我们去挑选材料，然后拉回来。之前和这个企业有过沟通，他们比较有特点的是仿古木地板，就是手工打磨的地板。我们会用木地板做一个基材，然后重新组合做一个创作。我们学校的木工模型试验室能够提供的机具主要是电锯、压刨以及曲线锯、冲床等，基本可以满足学生们的使用需要。大致就是这样的一个基本情况。

管沄嘉：我觉得"界"这个主题定得很好，有一定的指向性，有一定空间的概念，相对来说也很抽象。我觉得对于各种材料来说都有得做。我们组做的是照明，有点难度，有点难度也好，大家相对会比较宽容，如果太好做了，大家的期望值也会比较高。

杨冬江：企业提供的主要是光源，要看你们组今年朝着怎样一个方向来做，或者是跟哪个组进行合作。

傅祎：最后的展览成果是以他们的材料为主吗？

021

杨冬江：基本上是这样，去年照明小组使用的就是三雄的光源。

傅祎：现在没有对"界"的主题作进一步的阐释，我们老师可以先作出一些阐释，比如说"界"可以是背景，也可以是主体，或者可以形成空间。学生也可以对这个"界"作一些解释，这样将来对于展览的设计也需要有"界"，可以往下作延展。

王辉：今年咱们是统一策展，跟过去东一个、西一个的不太一样，可以是杨宇先设计出一个"界"来，然后我们不同的组在每一段里面把自己的材料贴上就可以了。比如说做圆管的，有软木的做法、灯管的做法等。

傅祎：可以作规定性，有一个范围，你这个东西必须要有边界。

杨冬江：我们根据展览现场的条件，希望作品的占地面积不要超过5m×5m。

王辉：咱们有6个组，不能超过5m的话长度就是30m。比如说，你可以做出一个30m的山洞，或者是做一些别的东西，在不同的界面里面，然后想一个办法怎么把它们放在一起。

杨冬江：王辉的建议挺好，但就是给老师的压力，尤其是策展人的压力更大。

张月：我的想法是从另外一个角度出发的。王辉刚才说要从展览的统一性去考虑各个组做什么，通过展览效果限定各个组的作品。我想能不能在各个组方案基本出来以后，跟展览的整个想法碰一下？

王辉：最简单的办法是做一个从头到尾的大圆筒，它是一个锥形的，然后在里面分段，把内部空间再变化一下，当然这有一定的难度。

琚宾：这个大桶就是一个装修。

管沄嘉：大桶就是一个线索，这个线索分成几段，每一段分给不同的小组。

琚宾：或者可以这样限定：每一组给的界面一定要从内部空间穿过去。

杨冬江：要不要限定一个位置呢？

琚宾：当然，有位置的话就会有一个序列感。

王辉：要不然咱们就只做地面？这样可以让参观者就在地面上走，地上可以高低不平，有肌理变化。

傅祎：如果每一组都自己做结构效果肯定保证不了。

徐秀卿：形式上应当开放，但是区域里可能应当限制得更严格一些。

傅祎：我们可以在参观方式上做文章，是不是可以在周围架起参观路径？只在地面上看可能未必会看出效果，可以用脚手架做一个步道，从上面看展览。

管沄嘉：傅老师的意思不是看地面，是用地面做一个限定。

王辉：比如说咱们6组做6个岛，这样就自由了。但是策展的时候要想办法，比如说穿雨鞋，地下放上水；或者是做人造的草皮，用钉子扎上。

崔冬晖：还不如用砂子、石子呢。

琚宾：我们6个组可以视点都不一样。比如说，我们这个组视点是从上面看，就只能站在上面看，我们思考的问题就是怎么让人从上面往下能看到我们的东西。其他组有的是平视，有的是从下向上看。

杨冬江：每次创作营活动都会有几十家媒体进行报道，但是通过前两届得出的经验就是，媒体在真正推广的过程中寻求一个能够引起公众兴趣的报道点是有一定难度的，大家都觉得这个活动很好，很有意义，但是对于它所要达到的目的和所要展现的主题，作为一名普通读者有时是很难理解的。咱们的展览实际上也是要解决这个问题。

朱林：每一次的作品的确看上去都比较抽象，把它们放在杂志上如果没有文字说明的话大家可能看不明白。所以，从媒体的角度来讲可能要有应用性，跟我们日常熟悉的东西要有一定的关联性。比如说，是形态比较明确或者是日常熟悉的东西，这样大家看上去就不会觉得很抽象、很陌生。刚才说过岛或者是各种造型，6组材料所要表现的"界"是不是有跨界的概念？从视觉上和感觉上是一种自然的融合，我觉得可以用一些跨界的概念。刚才傅老师说从上面看，去年我看到一个给我印象比较深的作品就是用防火板做的，从上面看的感受是不错的。如果地上跨度比较大的话，我建议可以把它有效地放进去。

杨宇：我觉得不要把这个东西想得特别复杂，我想最简单的办法就是把整个大的地面的中间区域涂成黄色，然后有一些地面做出差别就可以了。

杨冬江：是否可以再具体一点？比如6组的作品如何咬合在一些。

王辉：咱们可以把整体展厅抬起来做6个坑。

杨冬江：从布展时间来看不太现实。

张月：刚才说的通道并不一定要给大家限定得很清楚，但每个空间一定要有延续性，包括高差的延续性也要解决。另外，就是视线上的差别，其实这也是一种界面。我用自己组的材料来表现这种界限，让人感觉是一种区域范围就可以了。这样可以让前一组和后一组有连接性，不能说自己想怎么做就怎么做，有衔接了设计才会更好。还有，就是材料不一样，要围合的话要考虑到材料的特点，所以就不一定全是围合的，可以是半开放的、或者是全开放的，就是按照一个空间序列去做，但是这个序列怎么安排要有一个线索。

杨宇：比如说，咱们的学生作业就是界面，咱们可以设定一些边界的形式，你就得在这个边界上做。我觉得其实东西本身是一个部分，更重要的部分在于展示的过程，有时候过程可以把它向边界的概念靠拢，不用太复杂。我觉得做出一些平地上的高差是最理想的，比如说做一些下沉的空间，有些区域可能需要跨过去才能到达另外一个区域。

杨冬江：现在学生设计和老师指导都没有开始，希望今年作品的展示能够体现出相对完整的概念。

王辉：从策展角度来说给它一个边界是可以的。

琚宾：两个组之间就要考虑二者之间的关系。

王辉：我觉得还有一个时间的问题，把各组的那些事处理好就不容易了，展厅的空间确实挺大的。

张月：没错，主要还是要表现"界"的概念，去做整体空间有没有这种可能性，别让空间把作品夺了，那就本末倒置了。

杨冬江：创作营的目的就是想让学生早一点接触材料，让学生以准设计师的眼光对材料提出一些新的创意和想法。这个"界"怎么界定是跟主题有关的。比如说，参观的人是主体也可以，你设定一种行为，这种主体是一个行为，或者有一个固定的东西在那，然后有一个"界"，要不然这个"界"就有些没有限定，怎么做都可以了，或者搞的有点行为艺术,将来中间有两个人站在那儿也可以。创作营开营以后,每个组也会提出想法,但之前咱们应当先达成一致。比如说杨宇老师先考虑各个组是怎样的咬合关系、连带关系,每个组能不能就在这个限定的空间里去做。

杨宇:我觉得可以划定一个区域、一个平面,但是我不能说哪个组是哪一个,最后应该让每个组自己去选择。

王辉:其实,咱们总共的设计时间才3天是吗?

杨冬江:确切地说是两天。

王辉:我觉得还是要限制大家,是孤立的6个东西,但是形式上可以串连。

管沄嘉:我感觉应当是将展厅切成6段,每个段有一个缝隙。

杨冬江:我觉得好像又有点儿回到去年的老路上了,还是5m×5m,最后布展的时候通过地面或者一些空间上的变化把各组的作品串起来。

杨宇:必须要保证大家不能超过这个面积。

管沄嘉:指导老师一开始就得控制这个事儿,最后大家再汇总一下。你可以要求空间必须是中间能够穿过的,或者是绕一个弯能穿过的,在这方面是不是有要求?

琚宾：比如说防火板就是一个实体的，GRG可以做一个半透明的，就是一个镂空的关系，这样限定了以后就很好做了，有长方形，也可能有正方形。

张月：用蒙太奇的概念，可以先拍片子，拍完了再看怎么剪接。

杨冬江：这就回到了前两届的状况，到时候不太好剪接。

杨宇：前两届我觉得是尺度没有控制住，所以剪接不起来，像去年灯光那个组就是贴着墙面来做的，怎么剪接也不行。

王辉：我觉得杨宇可以设计一个支撑系统，所有人做的东西都往上挂，比如说去年在楼上装完了再拆了搬下来。我觉得今年可以是做一个拼接的，由每个人拿在手里然后下来直接组装起来，要不然每次都在上面做出来然后再拆了拿下来很费劲。

杨冬江：今年的带队老师一定不能让学生突破限定的尺度，因为学生容易做大。第二个是去年就说要可拆卸、可移动的，这是一个基本的限定条件，但是最后执行起来还是有问题，一定要先统一好思想。

崔冬晖：不然后面就容易失控了。

杨宇：我觉得比较理想的步骤是：咱们不要先限定谁是细长的通道、谁是方形的通道。咱们可以先有一个基本的展览平面，设定一个基本的通道、流线，然后给大家，让大家根据

这个去想，最后可以进行区域的交换。

琚宾：今天就得把这个事情做了，做完了让他们挑。

管沄嘉：我觉得可以切成几个单元，单元之间不要粘上，单元之间都有缝隙，缝隙之间做成一个盒子，然后通过这个隧道到下一个单元，通过这个东西把整个作品串连起来。

琚宾：这又是一个工程。

管沄嘉：我的意思是这样做的话，他们可以在自己的区域里随便做，但是要有一个公共的部分。

岳俊：在座的来宾都是建筑师、室内设计师，一说到这个展览的时候不自觉地就会进入空间里面来探讨这个问题。我是从媒体的角度来想问题的，今天这个会议特别像我们杂志社的选题会，我们每期都要做一个特别的专题，这个专题都要串起来。按我的理解，主题很重要，我们说今年的主题是"界"，怎样阐述这个"界"很重要。首先，我们要有专业性，怎样把材料和概念串联在一起来体现。我不太懂大家说的细节，我觉得把这个主题做下来以后自然就像串糖葫芦一样串在一起了，这就跟我们做选题差不多，一时半会儿串不到一起，但是只要把主题做清楚了就可以串起来。我觉得可以在主题上多下工夫把事情说清楚了，如果前期多做一些工作让学生对这个东西理解比较深，做出来自然就会融合在一起了。另外，材料商也不得不考虑，他们每年给我们提供赞助，肯定要求有回报，怎么体现他们的材质也是比较重要的。反正我们做杂志选题就是这样的，先定一个主题然后由大家去做，约来的东西看上去好像不太一样，但是往里面一放就会串在一起了。我们首先是阐述这个"界"，策展人也好、学术主持人也好，他们的想法要清晰地阐述给大家，然后各个组的老师、学生们才能去理解。

米姝玮：作为媒体我们参与的展览不是很多，但我们报道的展览是非常多的。国际上比较知名的展览，他们每次都会用一个并列的名词性的主语，把两个关键词放在一起然后用一个"and"连在一起。像类似的展览，他们找一些艺术家或者是策展人，他们首先注意的是每年展览的连续性。对咱们前两届的展览，我们也有所关注，但是这次开完会之后从媒体上来说我们反而不知道怎么报道了，对于"界"每个人都有不同的理解，到底怎么来阐述，实在是太开放了。还有，就是展览的延续性，这次用一个字来作主题，以后都要不断重复，从传播的角度重复到一定程度要引起观看者的共鸣，这个共鸣就是刚才各位讲到的线索。我们从报道的角度来讲，类似这样的展览还是用一个主线串联起来，但是每次做的时候就不用这么开放式的讨论，策展人用100个字、200个字规定"界"是什么东西，是跨界，还是过界，还是一个既定的范围，这个很重要。这样报道的话每一部分可以传播，整体也可以传播，这样对媒体说，做网络、电视、报纸、杂志都比较好做，宏观的部分和每个小部分我们都可以比较好做，否则的话太宽泛了，没有文字，也没有可以表现的内容，大家都觉得这个是一个好事，但是个人有个人的想法，太宽泛了。

杨宇：刚才有一个想法是用一堵墙来做。

崔冬晖：是一个文献属性的东西，第一年是零主题，第二年是叫"材料的生命"，今年又缩小了一点叫作"界"。刚才琚宾说了，"界"的概念我们可以再缩小一点，到底是"界限"还是"跨界"，把这个约束清楚以后布展可能自然而然就出来了。我觉得无论是从文献的角度、还是我们做事的方式上来说，是不是可以更简单？比如说咱们上次说的用不同的材料堆出来的墙也是可以的。

琚宾：越纯粹、越简单的动机反而越能做出韵味来。

管沄嘉：跨界就涉及空间关系，其实装饰材料的创意本身还是在界面上，空间的跨界跟材料的关系不是特别直接。

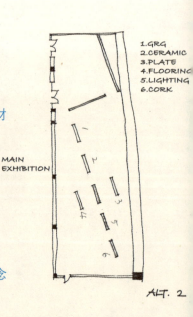

杨冬江：单纯用材料肌理的表现其实是挺容易出效果的。

傅祎：我觉得时间那么短，今年又加入那么多学校，所以这个路径要清晰，这个墙的概念

如果大家认定以后，交给杨宇老师就可以了。要相信他，他定什么咱们就做什么，他定得越多咱们在这么短的时间内就更可以实现。

王辉：设计、制作的时间有限，学生可以负责填充这一块，所以杨宇要先拿方案。咱先说一个问题，咱们是做物体还是做空间，或者是做界面，咱们现在已经定了做界面了，不限定是平面还是曲面，不要求学生用界面塑造空间，塑造空间的事情由杨宇来做，因为学生只有两天时间来做设计。

徐秀卿：我可以帮助杨宇老师来做这件事，今天大家起码有一个共识，比如说咱们如果确定以界面、以墙为主，咱们确定了基本的概念，我们回去可以先做出一些构思明天再具体讨论一下，按照一个完整的思路走。

李星勋：大家至少需要一天的时间来画这个东西，比如说明天就可以把方案拿过来讨论，现在谈具体的图纸意义不大，因为大家没有时间去细想这个问题，大家同意不同意今天琚宾提出来的结论？是不是就以界面来做？因为咱们去年还说过做椅子等各种各样的形式，这种形式是不是在今年的范围之内，咱们这次是不是就限定好？

杨宇：咱们创作的主题其实就是为了让大家做东西的时候有一个线索，有一个思路，我觉得可以把今天讨论的内容作为一个实施的方针来具体执行。

第三届国际"创意未来——装饰材料创作营"
3th International "Creative Future——Decorative Material Creation Camp"

软木小组

前期调研

软木的知识

软木并不像其他木材那样使用树木的树干，而是树皮。它是由栓皮槠（Guercus Surber）或栓皮栎（Guercus Variabilis）采割而获得的树皮；世界上只有栓皮槠和栓皮栎这两种亚热带树木的树皮可以用来加工软木制品。这两种树木主要分布在我国的秦岭地区和地中海沿岸。软木是极为稀有的材料，它是橡树的保护层，即树皮。树长到25岁时就可以采剥树皮，剥皮以后不影响生长，它还可以继续存活。软木的厚度一般为4～5cm，优质的软木可达8～9cm。软木每隔9年采剥一次，每棵树约可采剥10～12次。因此软木属天然材料，有益于人体健康。因为源于树皮，在采伐后树木会继续生长，新的树皮会将不受任何损伤，取自天然而不破坏自然环境。

在软木的应用方面，在中国，人们接触最多的软木就是葡萄酒瓶塞，而其他的软木，尤其是用于装饰领域的软木，人们了解得还很少。不过在一些商店或酒吧里可以看到用软木做的墙饰，这种软木墙板用在居室中可做电视后面的背景墙装饰。其实在欧洲，软木广泛地运用在生活领域，尤其是在教室、儿童医院、图书馆、幼儿园、卧室中，软木地板所独有的防潮、降噪声功能特别适合这些场所的使用。软木地板在我国的应用可追溯到1932年，那时，仅有1cm厚的简易的软木地板被用在北京古籍图书馆，使用了70多年仅磨损掉0.5mm。与其他铺地材料相比，软木地板具有非常好的防潮性能。如果水长期侵蚀在下面，也不会腐烂，这可以从百年老窖中软木酒桶和软木塞的表现得到答案。在经过了严格的铺装后，它可以被铺在浴室里，甚至被浸泡在浓盐酸中1小时不溶解松散。软木不仅防水性能非常好，不怕日晒雨淋，而且也不易燃，同时能散发特殊气味防虫蛀。多样的优点使它被称为"全能"材料。

关于

静林企业自1998年成立以来,采用我国秦岭地区丰富的野生橡树皮资源,极大缩减了我国软木产品与国际同行之间的差距,成功突破了软木地板生产工艺等技术性难题并取得了重大的成功,使我国国产软木地板的生产工艺达到了国际先进水平,完全可以与国外同类进口产品相媲美,产品已远销欧洲、北美、日本等国家或地区,已经成为中国名副其实的软木地板生产商和服务商及世界软木地板主要供货商。

"静林"软木地板的诞生在中国具有三个标志性的意义:

⑴结束了中国软木地板依赖国外进门的历史。

⑵标志着中国软木资源由粗加工向精细加工的转变,开启了中国软木资源自主开发、自主利用的新篇章。

⑶标志着中国软木地板已经具备进军国际软木地板市场的能力。

软木小组

■带队专家：
杨宇、何小青

■合作企业：
北京静林林洋软木制品有限公司

■小组成员：
吴尤（清华大学美术学院）
JUNG Junghee（韩国）
HAN Soowan（韩国）
赵囡（中央美术学院）
张越成（天津美术学院）
王蕾（清华大学美术学院）
王晨雅（清华大学美术学院）
郭笑含（清华大学美术学院）

创作笔记

2009年6月24～26日 在西安静林林洋软木公司参观考察

6月24日一早，软木小组的成员们怀着兴奋地心情来到了古城西安，开始了为期3天的考察之旅。厂方热情接待了我们，并且安排了3天的参观考察计划，我们集中在6月25日进厂参观。

在参观之前，小组内部进行了一些软木相关知识的学习，提前了解软木的基本特性，但是对于实际材料的手感和它的生产流程还是很好奇。25日上午我们来到软木展厅，见到了公司的总经理以及厂长。刘总首先为我们进行了简单的往届材料营作品回顾，我们了解了前两届的软木小组的创作过程。随后又对软木进行了基本介绍，包括软木的特性和基本的制作加工流程。下午，所有人在总经理和厂长的带领下进入工厂生产车间进行参观，全面了解了整个生产的流水线。

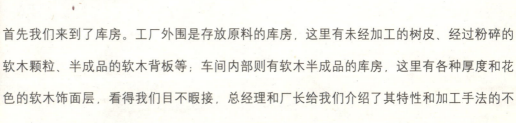

首先我们来到了库房。工厂外围是存放原料的库房，这里有未经加工的树皮、经过粉碎的软木颗粒、半成品的软木背板等；车间内部则有软木半成品的库房，这里有各种厚度和花色的软木饰面层，看得我们目不暇接。总经理和厂长给我们介绍了其特性和加工手法的不

同，使我们增长了不少软木方面的专业知识。随后，我们来到了软木的制作车间，各种大型机器有序地运转着，有压制、切割、打磨、附漆、检验、包装等。工人们的工作很有序，每个工序环环相扣便制成了我们最终看到的软木制品。

参观过后，刘总、杨宇老师和同学们进行了简短的座谈和方案讨论。我们对软木的加工技术进行了深层次的了解，并针对以后方案的可能性提出了许多问题，诸如软木规格、厚度等的加工极限，可否进行双曲塑形，软木的透光性，花色的压制方法等，刘总都耐心地一一为我们解答。此外我们还见到了一些特殊软木的制品，有包、帽子、笔记本等，大家看到这些产品时都觉得很新鲜，这无疑突破了人对材料的常规使用。只可惜这些产品仅在国外有售，我们也只能是先饱饱眼福了。

晚上回到宾馆后，杨宇老师给大家开了一个小型会议，传达这次材料营的一些宗旨和想法，我们也都开始了概念的构思，无论是从主题，还是从材料特性方面都要有所体现，厂方也希望我们有所创新。

我们期待奇思妙想的产生！！

2009年7月1～3日　方案研讨

此次我们选定的软木为2mm厚饰面层和3mm背板，单片规格均为900mm×600mm，主要的图案为罗马（ROMA）。如此薄的软木柔软特性非常突出，然而存在的问题也很明显：

(1)超薄的软木易塑形但不易定形，其定形必定要依附于其他结构；

(2)单片软木的加工规格并不大，每两片的衔接必须依附于基层板；

(3)在方案设计时要尽量考虑其900mm×600mm的规格从而减少废料。

7月1日至3日是大家讨论方案的时间，虽然大家已经对软木这种材料有一定的了解，但是怎样能够在满足主题"界"的同时又最大限度的表达出软木的特点，对我们来说就是一个很大的挑战。我们被安排在展区中的6号展位，要在给定空间为5m×5m×3m的范围内完成创作。对于人员分工，预算，展区位置和尺寸，后期展览方式等的综合考虑也是对我们的一次历练。

7月1日上午大家带着各自做的方案和草模，进行了第一次的方案交流，就"界"和"软木"进行了探讨。在杨宇、何小青两位老师指导下，我们重新思考了"界"的定义，并赋予其新的定义；而在软木表现方面，我们初步确定了方案的发展方向，即在体现软木柔软、薄、透光等特性的同时，加入与人的互动，让人自主地发起对软木的碰触，从而感受到它的温暖。

大家边做模型边讨论,再结合展区位置和尺寸,最终确定了一个以"模糊界"为概念的方案,以及采用流线型来体现软木的特性,并表现如纸片般扭曲的肌理感。扭动变化的形态,加之灯光的设置,不仅体现出了"界"的主题,同时也很好地体现了软木本身柔软温暖的特点。

根据方案我们初步确立了实施阶段的计划:

(1)深化方案的形态,解决必要的力学和结构问题。

(2)确定骨架、基层材料等的形态及尺度。

(3)选定适宜的骨架材料和基层材料。

(4)制作骨架,同时满足易拆卸、运输等特性。

(5)制作基层板,并固定形态。

(6)裁切软木并粘附在基层板上。

(7)最终形态调整和灯光设置。

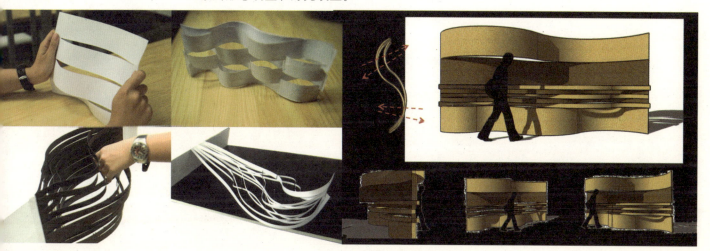

2009年7月4～10日 *模型制作过程*

一、深化方案的形态，解决必要的力学和结构问题

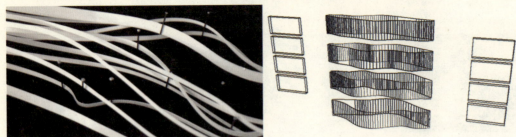

关于如何使模型站立住这个问题，起初我们想利用层与层之间的搭接关系使其站立。但这样存在两个问题：一是每层的竖向支撑强度要非常大才足以承受上部的压力；二是当到达一定高度时整个模型的稳定性便有待商榷了。随后，我们又决定利用竖向的立柱作点状固定，但立柱的站立成了问题，而且骨架会大量暴露在外面。经过了更进一步的讨论，我们决定在内部使用骨架，外附软木。但是考虑到制作时间与成本，骨架必须成组分块制作，然后进行组装。为了方便运输，我们将骨架分为4层，每层又可分别拆为3部分，彼此之间靠节点连接。

二、确定骨架、基层材料等的形态及尺度

关于形态的确定，我们首先用油泥塑出一个整体的形态，包括起伏、褶皱等；随后把这个形态转化为电脑模型，再将其横向截为4部分，取每层的截面轮廓作为骨架的大致形态；标好尺寸参数后作为骨架制作图纸。

将电脑模型进一步分割，便产生了更多层，每层作细部的调整，使其形成有规律的变化，层与层之间为上下交错搭接的关系。这部分我们用纸模型来作形态研究。整个模

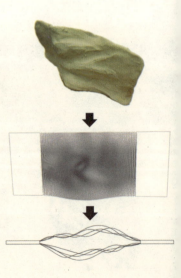

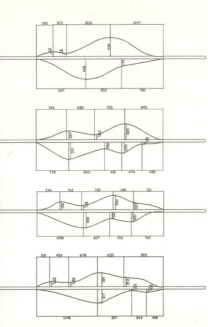

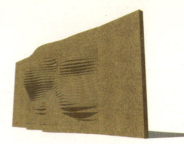

型长5m，只有中部3m有明显形态变化，两侧各有1m的平缓形态，塑造出形态的生长感。而这部分也是可拆卸部分。中间部分形态大致呈梭形，跨度由下至上逐层减少，底层跨度约为1m。在设置高度尺寸时，考虑到软木的宽度为600mm，为减少废料，我们便将基数设为120mm，于是4部分骨架的高度由下至上分别为600mm、480mm、480mm、480mm。

三、选定适宜的骨架材料和基层材料

带着定好的尺寸，大家来到金五星建材市场，与市场里的师傅讨论可行度和适宜的材料，最终确定骨架使用空心方铁，人工弯形，组件之间钻孔用螺丝连接，拆装方便。

7月5日是最令人感动的一天，全体组员、老师、静林软木公司的霍总和技术员陈师傅齐聚金五星建材市场，大家对如何连接骨架与基层板、如何塑造软木的形态等问题进行了讨论，并且做了诸多实验。

由于这次的软木非常薄、非常软，所以基层板是关键，它不仅起到了塑形的作用，而且也是连接每块软木，使其平整圆滑的关键。对此，我们想到了有机板、水晶板、钢丝网、钢筋等。经讨论，最终确定使用5mm的镀锌薄钢板，它容易塑形且相对容易固定形态，并且与软木的粘结也不成问题。

四、制作骨架，同时满足易拆卸、运输等特性

考虑到加工难度，骨架的形态已经比较保守，但是完全通过机器压弯来实现仍旧难以达到，要采用人工压弯，仅能利用一个非常小的摇臂机器。每部分都有两组两两相同的曲线形，要做到完全两两相同确实是一件难事，男生们亲自上阵帮师傅压形，每一根曲线都是在我们的一再校验下形成的。曲线形弯好后与竖向的骨架焊接在一起。由于3m的跨度较大，为避免中间的骨架下沉，我们又加了支撑。支撑是弧形的，有的向外凸，有的向内凹，每一根支撑都是根据上下左右的形态关系来添加的，以保证整体的变化趋势。

每做成一个部分我们都在上面用胶带做好标记，是第几层、方向如何，以方便事后安装辨认。师傅们锯、焊、打磨、校正等每一个环节都非常严谨。整个骨架的制作时间为一天半，在最后半天制作的同时，同学们进行了分工：一部分同学帮师傅继续做骨架；另一部分则负责买薄钢板、切割薄钢板、买辅料。薄钢板买回后，我们计算了它的切割方法。经计算，部分薄钢板切割为与软木基数相同的120mm，作为中间的塑形部分，其余则切割为480mm、600mm的单元，作为两侧基层板。辅助材料的购买也要考虑周到，争取一次完成各种尺寸的螺钉、铆钉、拉铆枪、万能胶、刷子、裁刀、手套、口罩等。

所有骨架工作在下午2点左右完工，随后便由一名同学押车，运回清华大学美术学院。因为尺度过大，如何运往五楼的制作现场成了问题，此时，可拆装的特性便发挥了重要作用，中间3m的部分刚好可以被装进货梯，随后将运到五楼的骨架用螺钉重新连接组装起来。

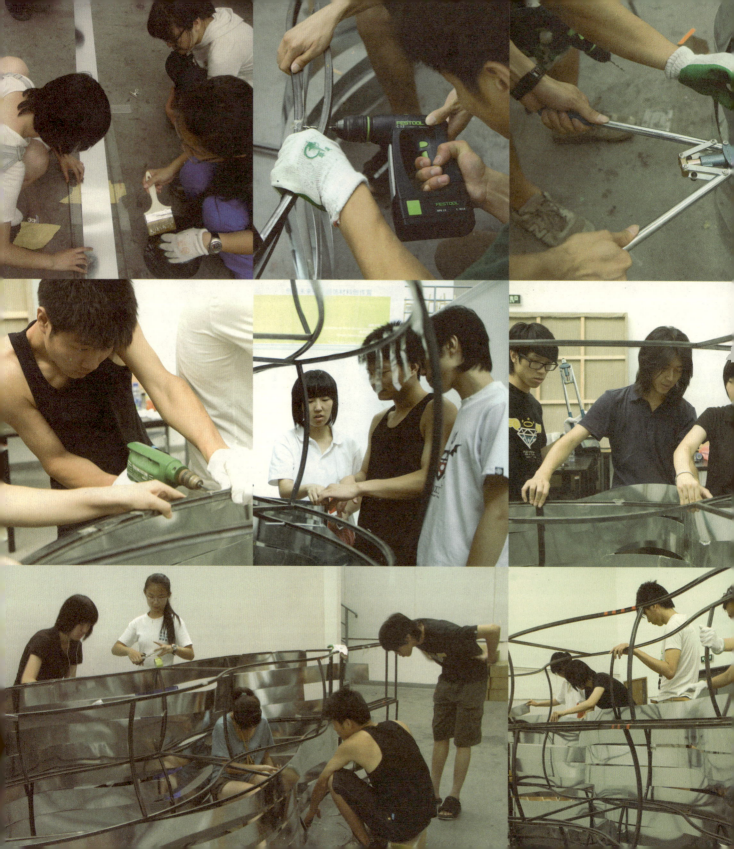

五、制作基层板并固定形态

单张薄钢板的长度为2m，所以首先要将两片薄钢板进行粘接，以保证整体长度大于3m。随后便是将薄钢板塑形以固定。骨架的层高分别为600mm、480mm、480mm、480mm，薄钢板宽度均为120mm，所以由下至上每层薄钢板片数分别为5、4、4、4，其中每层只有最上层和最下层可以直接固定在骨架上，于是便有8条可直接固定，另外9条需要依靠彼此之间的支撑力。因为薄钢板很薄，仅靠其自身的支撑不足以保证稳定性，所以必须将其固定在支撑骨架上。我们尝试了多种办法，最终选取了相对科学和迅速的一种方式。

节点的设计关乎整个骨架的形态和稳定性，问题解决后大家便进行分工制作了。同学们主要分为形态组和结构组，形态组负责给薄钢板塑形，结构组则负责固定塑好形的薄钢板。

与骨架直接接触的薄钢板采用钻孔后拉铆钉的方法将其固定，不能直接连接的部分在薄钢板和弧形支撑上同时打洞，用螺杆作悬挑，再用螺母前后固定，这样也给形态的塑造带来了更多的可能性。

六、裁切软木并粘附在基层板上

在塑形工作进展的同时,北京静林林洋软木制品有限公司的技术人员陈师傅便来帮我们粘软木。将软木以薄钢板为尺裁好,粘结时要在软木和薄钢板上都刷胶,待其半干时粘在一起。眼要准,手要快。当粘到形态变化复杂的部分要格外小心。将中间部分的软木粘完后,便着手两侧的薄钢板。由于考虑到后期展览时的拆卸问题,对中间和侧边的薄钢板搭接作了一下处理,一部分软木没有完全粘接上,等最终展览时全部组装完毕再作最后的封口。薄钢板与软木、冷与暖、硬与软、光滑与粗糙、坚硬与柔韧,这种对比的效果很有意思。

七、最终形态调整和灯光设置

最终只剩一些形态调整,以及相关环境的制作。我们向三雄·极光照明公司借了两盏金卤射灯,置于模型内部。调整灯位和方向,使模型体积强化。光线透过层与层间的缝隙溢出来,投在墙面上,投在顶棚上,形态便有了延续和伸展。在地面上我们也设置了与里面形态类似的曲线,曲线从近到远渐渐变疏,是一种形态和界的生长。

截至目前,模型算是基本完工,大家心情都很激动。从不同角度观察,模型会有变化丰富的曲线和不同程度的透光,层次感很强。马上就要作最终汇报了,大家又投身到PPT和展板的制作中。关于展板我们想到了软木原有的功能便是宣传栏,于是便决定用剩余的软木作展板背板,用钉、粘等方法将我们的方案陈述固定在软木上,作为我们整体展览的一个重要部分。

作品概述

"界",通常意义上我们有两种理解,一是界线,二是界面。界线,是一个二维概念,我们可从二维平面来分析它,与其说它是边界(作为某一区域的限定),不如说它是划分(作为某两区域的分割);界面,是一个三维概念,空间并非无尽头,而尽头之处便是界面,界面的另一侧又是空间……

由此看来,"界",意味着产生了分隔,但它并非独立,也并非单向,而必定是双向的,这双向的空间的关系便是我们想要探讨的。

"界"的分隔有许多种程度。通常自然界中不会有绝对的分隔:海浪、沙滩,以及其柔和的方式相互分隔却又相互渗透;绝对的分隔往往见诸于人工:堤坝、栈桥,以绝对的方式划分出剥离的两个空间。

我们认为更合理、更有趣的"界"应该是一种趋于自然、趋于模糊的"界",我们透过这种"界"可以感受到对面的空间,甚至于可以感受到"界"在另一空间的另一面。空间不是决然的剥离,也不是决然的通透,其中空间的不同属性应该在交汇处有所交流。

有了概念,再结合软木"质软"的特性,最终确定了一个非常具有流动性和生命力的形态："界"仿佛由起始端慢慢长出→派生→分散→挥舞→形成秩序→产生新的空间→聚拢→合并→最终回归为起始的"界"。而以软木来表现概念，同时突出软木"质软"和"温暖"的特性，采用流线型来体现软木的特性，小的褶皱来体现软木的柔韧，并呈现如纸片扭曲般的肌理感，灯光的设置则加强了人与软木接触时的温暖触觉。

方案在软木的使用方法上也打破了常规，抛掉原有的饰面层，将背板作为饰面层，用镀锌薄钢板作为背板，两种材料体现了内外属性的多种对比：坚利与柔韧、冰冷与温暖、光滑与粗糙、反射与吸收……

除此之外，地面上相应的图案也成为整个界的肌理在平面的延伸。而灯光的引入使得周围的环境因布满交织的投影，也成为该肌理的延伸。

作品《界》的诠释和探讨主要体现在以下方面：
(1)对"界"的属性的思考。
(2)软木特性的新挖掘。
(3)软木与薄钢板的搭配使用。
(4)探讨骨架、基层板、饰面板的关系。

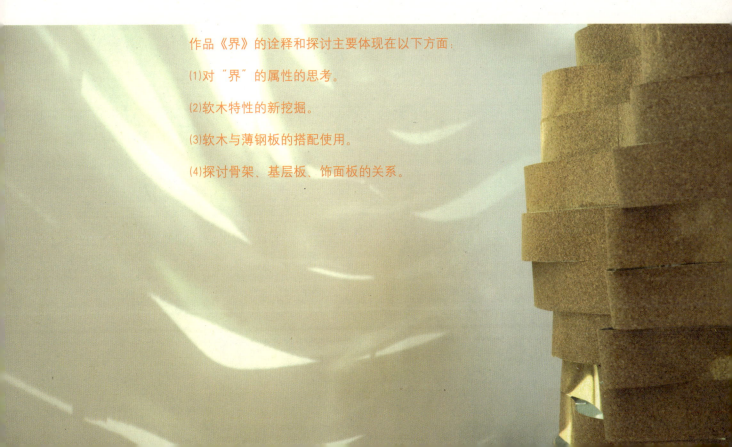

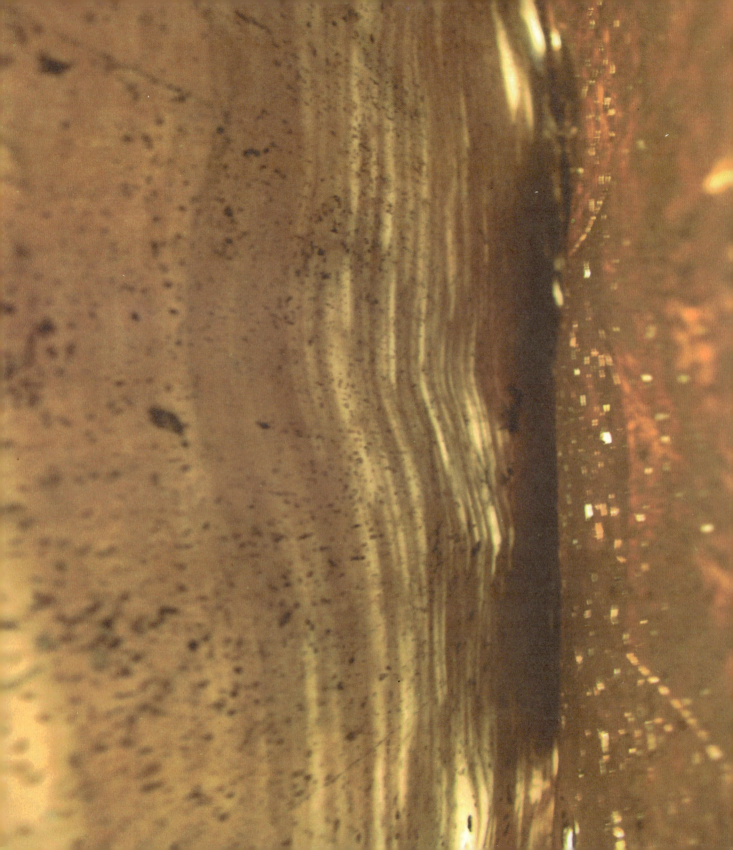

Jie—媒介

杨宇

这次的创作主题是"界"("Jie"),但对我们来说,"界"其中更多隐含的是"媒介"——一种沟通的手段。是理念在从内在到表象,从结构到形式,从作品到受众的传递过程。面对只有10天的材料创作周期,作为带队教师,我的目标就是希望学生用一种合理的结构体系去表达材料的极限和未知的潜力。最终的作品其实就是通过真实的建造帮助学生自己或观者理解材料本体的沟通手段。

凝固与悬浮

软木作为装饰材料贴面,其特点就是具有极强的柔韧性和温暖的触感。设计主题——"破浪"("Breaking Wave"),就是希望用3mm厚的软木皮所呈现的"凝固的悬浮感"来体现材料的轻盈与柔韧。整个形体曲线的节奏感反映了材料在不同形体状态中的物理特征,其中局部半径小于50mm的曲线体现了软木特有的极限塑型能力。

隐藏在感性的外在形式后面的往往是理性的结构体系。在专业的建造过程中,装饰贴面是不能孤立存在的。学生们在市场上找到的金属框架是目前普遍采用的建立结构支撑的施工手段。通过骨架曲率的变化可以使整个形体独自站立,并且确立了主体形态。那么薄薄的软木皮是如何"凝固"在主体结构之上的呢?通常我们所认知的软木基层是和软木同样柔软的材料。但是为了实现"漂浮的曲线",取而代之的是1mm厚度的金属板隐藏在软木皮后面,通过螺丝和铆钉与骨架连接。其刚性和可塑性正好和软木的柔韧性相辅相成,它成为了连接表层与结构的最好媒介,既解决了表皮与结构的衔接问题,也在不改变软木轻盈感的同时,帮助软木实现了极限塑型的目的。在触摸时,表面轻柔的软木呈现了与日常体验相反的刚性。

二次设计——材质的叠加

在研究材料表现力的时候，我总是告诫学生不能单纯地停留在静态的传统感知中。因为在真实的空间里，所有的物体的表象都是动态的，都是自身的材质和其所处的不断变化的光线环境互动而成。光可以使我们所看到的事物在一刹那间被改变。

作品结构体系的设定，使金属板作为基层材料不仅有塑型功能，同时，其自身的金属特质也应当转化成显性的视觉体验。因此，光就成为传递信息的媒介。通过内部照明，利用金属漫反射与软木的质感影像重叠来实现。其交互创造的观感体验，使软木在传统印象中的粗糙、质朴的肌理在光的影响下产生无限的遐想。如果说完成的形体本身表达了软木作为装饰表皮的柔韧性和已知的视觉特征，那么光的应用则给人对材料的视觉体验增加了更多的可能性。

设计的目的是如何为人们带来有趣的生活，为世界平添色彩。材料就是一种设计师把理念传递到大众的媒介，设计师在新材料和市场之间充当着沟通与传播的角色。同学们10天的创作过程就是一个真实的建造过程，其间所面临的所有问题也会是他们未来的职业生涯中所将要面对的问题。了解了材料的特点以及它隐性的结构体系，就是掌握了与材料沟通的语言。

有感而发

何小青

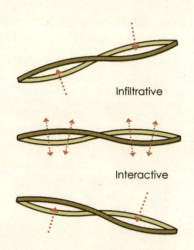

在和学生交流中,我感受到材料创作营的这一活动能让学生很好地把所学课程与社会实践相结合。作为环艺系的学生除了要掌握好设计表现外,还要懂得材料的合理运用,完美地体现材料带来的全新理念,深度挖掘材料的设计表现力。一个优秀的设计师必须在设计中予以材料新的生命。避免使材料在设计中仅是一种简单的堆砌。

在学生注重培养自身设计能力的同时,也应走向社会关注材料在实际项目的具体应用。材料是设计的重要元素,能完全地理解材料、使用材料是学生成为优秀设计师的不可缺失的重要环节。应积极地探索材料可行的新的应用方法,引领全新的设计观念。

本次由清华大学美术学院、天津美术学院、上海大学美术学院及韩国首尔大学、京畿大学、曝园大学和淑明女子大学师生一起参加的材料创作营活动具有国际性,增加了材料来源的多样性、复杂性。是一次高水平的创作交流和研讨。

这届活动的创作主题为"界"。本着对空间概念内涵的重新界定及对材料的质感和可塑性的认识,在制作上遵循"可拆装、可移动、可利用"的原则。软木创作组的学生们经过不懈的努力,按期完成了创作作品。

在创作设计中,以清华大学美术学院环艺系学生为主体的软木组的创作团队勤奋努力、团结协作,充分地体现了设计团队的合作精神。本次活动为他们将来走向社会、积累经验、历练技能提供很好的锻炼机会。我为他们骄傲,为他们喝彩!

陶瓷小组

前期调研

陶瓷的基本知识

陶瓷，或称烧土制品，是以黏土、长石、石英为主要原料，经配料、粉碎、制坯、成型、焙烧等过程而制成的各种制品。饰面陶瓷是指对结构表面进行装饰的陶瓷，主要以陶瓷墙面砖和地面砖的应用最为广泛。

饰面陶瓷是一种实用性和装饰性很强的材料。其表面色彩均匀一致，釉面光滑洁净，具有强度高、耐磨、防水、防火、耐高温、耐老化、耐酸碱腐蚀、易清洗等特性。同时陶瓷的可塑性极强，在质感、颜色、形状等方面的选择性较强，而且生产工艺简单，易于大规模生产制造。

按原材料可分为陶质和瓷质两大类。陶质由陶土烧制而成，吸水率较高（大于10％），强度相对较低；瓷质由瓷土烧制而成，吸水率较低（小于0.5％），强度相对较高。

按品种类型可分为釉面砖、通体砖、抛光砖、玻化砖、劈离砖、麻面砖以及陶瓷锦砖等。

关于

佛山市个性瓷砖有限公司是中国屈指可数的大规模研发与生产高端艺术瓷砖的特色企业。该公司以倡导原创为宗旨，凭借国际化的设计组合，结合独创的国家发明专利技术，使产品始终走在建材行业的时尚前沿。并不断为中国以及海外的高贵用户量身定做符合其身份与个性的艺术瓷砖作品，是高端建筑与室内设计的定制首选。

陶瓷小组

■带队专家：
张月、张晔、汪稼民

■合作企业：
佛山市个性瓷砖有限公司

■小组成员：
周亚华（中央美术学院）
陈欣（中央美术学院）
吕思训（上海大学美术学院）
KIM Insup（韩国）
胡筱楠（清华大学美术学院）
张颢（清华大学美术学院）
赵阳（清华大学美术学院）
李巧玲（清华大学美术学院）

创作笔记

2009年6月23～27日 在个性陶瓷有限公司佛山厂区参观考察

在材料营正式开营之前,我们小组的6位成员于6月23日抵达广州佛山市个性艺术瓷砖厂进行考察学习。到达佛山的第一天,我们首先参观了个性陶瓷的展示大厅,展厅内展示了各种各样图案纹饰变化丰富的瓷砖。厂方的高级技术工程师刘总,为我们仔细解读了瓷砖艺术的工艺。

6月24日我们来到了个性陶瓷有限公司的厂房区,在工作人员的带领下参观了陶瓷厂的抛釉砖制作现场。该厂的抛釉砖是在已烧制成型的瓷砖坯上进行二次加工的,在瓷砖上进行丝网印刷(上釉)、熔块附着等工序。制作这种抛釉砖的大部分工序是由机械化生产实现的,所以这种砖的产量较高。在参观个性陶瓷有限公司时发现该厂的特色之一是大量使用金色,金色的使用也使得该厂的主要客户来自土耳其以及中东等地区,而中国的消费群主要来自东北。

我们还参观了配釉料的实验室,来到进行机械印制瓷砖纹饰的现场,和设计师积极探讨、交流。此外,我们还参观了该厂的陶瓷艺术陶瓷锦砖产品,它们的陶瓷锦砖产品强度更好,且不易褪色。在与该厂的高级技术工程师及工作人员学习、探讨时,我们充分体会到要认识材料、理解材料,同时更要发掘材料更多的特性。设计不是闭门造车,而是来自生活,来自方方面面。

6月25日,杨冬江和崔冬晖老师抵达佛山,和我们一同参观、学习、交流,明确下一步学习考察的方向。通过几天的考察我们了解到,该厂最有特色的产品是手工砖。手工砖,顾名思义,就是从其模具开始到最终烧成都是由人工完成的。这种砖的特点是可塑性强,给人以质朴、浑厚的感觉,艺术感强,釉料采用的是中国的传统釉。该厂生产的手工砖以手工面包砖为主,尤其是变形面包砖。面包砖是由汪稼民老师设计的特殊手工砖,采用特殊的制作工艺,并获得国家的发明专利。更为特殊的就是变形面包砖,这种形状规则凸起的砖,单体较重,面积为150mm×150mm的变形面包砖就可达1~1.5kg重。变形面包砖"大明宫系列"在全国获得过金奖。

2009年7月1~3日 方案研讨

通过对材料的初步了解，我们开始进行方案设计，并且针对这次材料营的设计主题"界"进行了深入的探讨。"界"，可以指边界，一个区域的边限，如界石（标志地界）、界线（两个地区分界的线、不同事物的分界、某些事物的边缘）、界限（不同事物的分界、尽头处）；也可指范围，如眼界、世界、自然界等。

我们最初的设想是"魔方"的概念：魔方是由富有弹性的硬塑料制成的6面正方体，其核心是一个轴，由27个小正方体组成，中心为6个单面着色的固定方块。我们的想法类似于魔方，没有两个小块是完全相同的，各部分之间存在着制约关系。通过层的转动改变方块在立方体上的位置来统一颜色。我们认为复原魔方体块感强，和砖的体量感呼应，这可以很好地利用砖本身的属性。并且，体块间空隙的存在，表达着空间的划定，可以借此体现界的意向，表现界内、界外。但是，在张月老师和汪稼民老师的辅导下，大家通过讨论觉得此方案在面的转折上难以实施，并且在堆积时重量上不易承受，最终，此方案被否掉。

随后又提出了"上·下"方案：创造一个"界"，不仅是在空间上，也是在心理上的。真实的"界"也许是一堵墙，也许是一条线，但是，在这里，我们希望体现的是实与虚，真

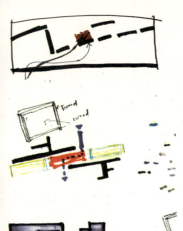

与假之间的界限。而"上·下"可以体现真实空间中的上与下的关系，也可以体现虚拟空间中的上与下。在此，与我们选用了一种变形的面包砖进行组合，在厚重与灵动中游离，在质感的差异中寻找对比的美感，对其进行三维式多角度的展示。但这一方案最终因铺贴的方式没有突破瓷砖运用的概念而被否掉。

经过几次方案的反复讨论，大家意识到了设计的难度，因为每一块面包砖都是一个相对独立的个体，它的陈列方式会受到其重量、体积、加工空间等多方面的限制。但是，大的发展方向已经明确，原则就是大体量及简单直面的形体构建。

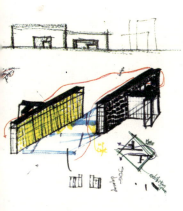

思考方案的过程经历了多次否定后，最终确定向平面铺设方式展开。主要想法是利用同种元素的相似性，形成一种共同的语言。不同的元素在一起，形成一种自然的分割，因而产生界的存在。每块砖是一个元素，相同元素构成一种要素，各种要素之间形成自然的分界。高起的部分像是腾空升起的元素，从另一个界面拔起；周遍翘起的部分，也像是从另一界面掀开的小角，可以穿越上下层面，发现上界和下界。

"物以类聚，人以群分"，这是"界"的隐身含义，其本身包含着"界"的意味。人，就像是一个元素，每个人不同，元素也就不同，因而形成不同的群体，再而产生界限！

2009年7月4～10日 创意制作

一、确定图案肌理和砖的摆放方式

7月4日，根据时间进度，我们需要确定瓷砖在平面以及立面上的组织方式。由于厂商提供的瓷砖数量和颜色均有限，必须有一个合理的组织方式，既要充分地表达我们的设计概念，又要做到不超出瓷砖的限定条件。

回归到设计本质，就是在特定的条件下做到无限的可能性。我们在处理砖的时候就是要突破各种束缚，发挥创造力，突破瓷砖的使用方式。在平面上，需要建立一个完整与破碎对立的界面，工作中，我们将5mX5m的正方形平面根据瓷砖的尺寸分割，形成由150mmX150mm的方块组成的网格，在网格的基础上确定实体区域，砖块被作为像素点进行颜色的组合。

二、骨架材料的购买与加工

在确定好柱子和基本图形之后，我们计算了如何裁切板材，并画出基本的材板形状和尺寸。随后大家到材料市场进行骨架材料的购买，在材料市场，我们了解了各种板材的特性，考虑到砖块的重量较大，我们需要选用承重能力较好的板材，最终大家选定了大芯板作为骨架的板材材料。由于展览场地与我们的制作场地的距离较远，所以模型需方便拆卸和运输。于是我们将大芯板切割成不同形状，以便进行图案拼贴和搬运。

三、瓷砖材料的搬运与分类

7月7日上午8点,我们的主要材料被运输至美院。由于瓷砖的数目较多,而单体瓷砖的重量决定了整个作品的重量会非常重,今天,我们的主要任务是卸货和妥当处理材料的放置问题。我们将30多箱的瓷砖从货车上卸下来,并把瓷砖分好类,然后把瓷砖按照分好的类别依次运到五楼的制作场地。搬运材料花费了我们将近一天的时间。

四、瓷砖图案的拼贴

将砖分类之后便开始进入实际的制作阶段。将原先裁制好的底板根据设计好的平面进行组合，底板的形态决定了瓷砖所组合后的实体形态。拼贴过程主要依据图纸进行，而在实际的操作时，我们根据作品所展现的直观效果又进行了一定的调整，最终效果的形成是最初的设想和实际操作调整结合的产物。

五、粘贴瓷砖与基层板材

最终确定好组合方式后，接下来的工作便是用玻璃胶将瓷砖固定在底板上。我们分工合作，分区域展开，很好地发挥了合作精神，较顺利地完成了粘贴工作。

六、柱子的制作与摆放

瓷砖粘贴完毕后,我们开始加柱子和侧边的弧形体,柱子设置在众多砖的内部,外围包有镜面反射材料,通过镜面的反射,柱子的体量被弱化,瓷砖在视觉上达到了悬浮的效果,产生了空灵的意境。使有形的界、无形的界、变化的界、相同的界、不同的界在作品中相互融合,达到浑然一体的效果。

作品概述

通过对自然现象以及人类活动的观察,我们从界的形成出发来理解"界"的含义。

在大自然中,某一物种由于具有共同属性而区分于其他的物种,这种相似性使他们成为一类,即形成"界"。颜色、形状各异的物体相聚在一起,相同属性的物体能够很清晰地从整体中呈现出来,因为差别的存在而产生界及界线。

我们组的材料是面包砖,每一个块砖都是由手工压制成形的,有别于机械化大批量生产的瓷砖,手工制作赋予了每一块砖不同的个性。同种类型的砖具有相似性,形成一种语言,

而相互之间的微弱差异又丰富了语言，形成自然的分割，从而产生"界"的概念。

由于砖块重量过大，受此局限，我们很难在竖向上做过多的变化，我们把展示内容确定为横向发展，把每块砖作为像素点引入到作品中。在平面中，像素点被抽离，形成虚与实的对比，并在功能上能够实现人与作品的互动。不同颜色的砖看似散乱的布局，其实这些相同元素已经形成各自的"界"，像素点向四周延伸，是"界"的无限感觉。同时在纵向也有一定的抽离，增加了另一个层的界面。镜面材料的引入，使纵向上被抽离的砖产生了意想不到的悬浮效果。

过程

张月

材料创作营我也参加过几届了，但都只是作为旁观者，参加了开幕式，见到了最后的作品，感觉很有趣。学生因为有机会参与实际的操作，又有很多丰富的活动，所以情绪非常高昂。至少在一个学期的沉闷的课堂学习后，有一个开放的、活跃的活动会使学生乐于参与其中。我真正地对这一活动有较为深入的了解还是上届时，因为与其中一个组的带队老师在其间有很多的接触和讨论，才对之有了比较实质的了解。发现其整个过程无论对学生和老师都是充满了挑战的。不过那时的讨论更多的还是集中在对材料的创意上。

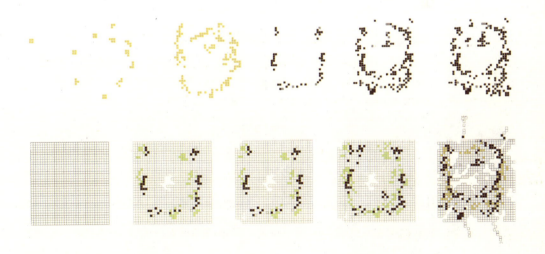

在这次创作营开始之前,我对活动内容本身有各种各样的设想。且因为自己的想法而跃跃欲试。这感觉就像王朔的小说《我是你爸爸》中的一段对主人公思考的描写:思想的肉汤在大脑中沸腾地翻着泡沫。而这很多的设想更多的是针对工作对象——材料创意的思考。但创作营开始以后,我发现一切与我想象的并不一样。最大的挑战不是材料创意的本身,而是整个创作营的活动过程。创作营要达到的目标结果太多:展览作品、出版作品集、交流活动、中外几所大学的学生之间的交流、材料的创意设计及制作。其实这些内容的每一项在我们平时的操作中都是要花费大量的人力和时间的。而我们的创作营要在短短的10天之内达成,可想而知其难度之大。多样的目标就面临着选择的问题,而大多数的学生,这样的新参与者就面临着目标的模糊与不确定性。这种模糊与不确定性不是主观上的,而是因为他们没有经验的未知状态。

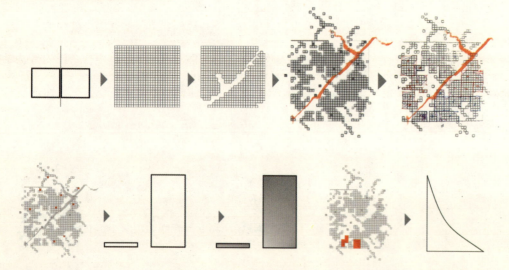

目标选择

尽管如此,在开始的阶段,我们还是把工作重心放在了解决材料的创意设计上面,与学生一起花了大量的时间去思考创意概念。但当我们真正面临具体的设定条件时,才发现理想与现实的差距。原有的很多设想因为时间、技术、场地等问题都几乎失去了可能。尤其是在第一次方案汇报之后，因为方案被否定而造成了学生们情绪的低落，几乎觉得无路可走。我们发现面临的问题不是我们想要做什么，而是在现实的条件下我们能做什么。这种转变对于一个久经沙场的设计师来说没什么，他会迅速地发现问题焦点的变化，而以新的焦点为基础去发散新的想法。但是对于学生来讲就有一个适应的过程，一个是对原有方案失败的沮丧，另一个是要学会转移思路的方法。

这一阶段明确地体现出：对设计目标的迅速判断与选择能力变得至关重要。而我们的学生显然在这个方面的训练有些不足。面对着此路不通变得束手无策。这可能主要是课堂作业多数是虚拟题，对各类条件的限制并不是十分的强制，也没有真实制作的过程，很少遇到真正的问题，对问题的判断与选择就缺少真实的判断力。这种选择与判断力当然与经验有很大关系，有经验的设计师会提前预知未来可能发生的问题，并根据这种预知提前布局设计思路路线图。就好像下棋一样，走一步看三步。而学生往往是按照自己的主观设想拟订方案，无论是主观注意力还是客观的知识掌握都缺少对外部限制条件的了解。

一个明显的特点是：学生一般根据自己的兴趣去确定目标，而不是根据给定的条件与设

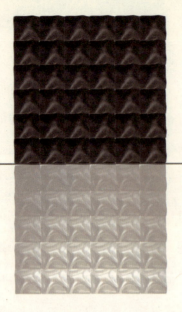

计标的来确定。这使得他们的方案在遇到具体现实问题时往往成为可实施性较弱的空中楼阁。但我想这不是他们的问题,而是我们设计教学过程本身的问题,这越发地凸现了设计教学要以实践动手,并面对真实问题来思考学习、培养学生真实判断力的重要性。

在这一过程中,两位合作老师对学生的帮助很大,汪稼民老师的对学生设计思路在概念意义上的引申启发及富有感染力的讲解,张晔老师对打破束缚、放开思路的坚持,都对学生有着积极的影响,也使学生对设计有了新的认识。

创作营设定的目标是学习材料的创意设计,结果是使学生通过活动的过程真实地了解了设计过程的本质。设计实际上是一个为了达到某个目标而在现有阶段内协调人力、时间、资源的整合过程,目标的明确非常重要,而且目标的达成要在过程阶段中不断地调整,并符合各种资源的限定。也只有这样才能达成。而动态的目标判断、选择、调整是设计的重要内容。

职业素质

一个真实的事件过程更能真实地反映人的素质。通过创作营的过程也反映出设计专业的学习不是一个简单的纯技术问题。而人员的设计能力以外的个人品质也深刻地影响着设计的过程及结果。我们可以把它理解为设计师的职业素质,在这中间最突出的是合作、整合、敬业。

今天的设计因为技术发展的日益复杂,成为一个复杂的系统工程。而设计的成败对于每一个设计环节的工作质量都有很高的要求。而因为每一个人的局限性,单靠个人的打拼很难成就出色的设计,这就越来越需要协作的精神。协作也就是不以个人的目标代替团队的目标。这种合作精神体现在具体过程中就是:在需要个人创造力的时候,充分展现个人的思考与创意。当团队的目标确定以后,不以个人的得失为意,全情投入团队的协作,做好自己的工作。而在这一点上学生们有很强的团队荣誉感,有年轻人的热情。他们不管是来自何方,在很短的时间内就建立了良好的团队意识,且建立了亲密的沟通关系。

但另一方面问题是:学生们好像还没有从具体的操作层面建立真正的团队意识,在面对多样的庞杂的问题时,如何有效地协调团队的思想、人力、物力使他们时时陷入迷茫。这使得设计过程不能有效及时地进行。我想一个可能的原因是与平时的课程多数是个人单独做课题有关。而与别人的协调能力是作为一个设计师重要的职业素质,我们是否应该在课程课题设定与组织上加强团队的协作,这样可以从两方面获得好处:一是协作精神与

协作方法的培养，二是使设计的深度因协作而加深，有利于学生在客体内从不同的角度了解更多的设计问题。

协调与整合能力是未来的设计师必须具备的基本素质，尤其是在中国的具体环境下，在工作方式上个人的特立独行在很多的情形下有可能会给设计带来困扰。拥有良好的整合与协调能力是有效地推动设计进程的润滑剂。而现在的设计教育体系中并没有专门应对这一问题的教学内容，这可能是需要改进的。

"敬业精神"对于现在的年轻人来说似乎是比较陌生的词了，但是在整个的创作营活动中，尽管没有意识到，但是坚持与尽责还是成为每每在看起来有些绝望的时刻使整个进程起死回生、催生新的希望火花。中国同学虽然大部分是女生，但是在搬运与制作沉重的材料时依然是坚持的。韩国学生不论事情进展得好与坏，始终保持同样的工作状态，持续地做好自己有可能做好的事。这些都使创意过程即使在最坏的情景下也能向前推动，这使我感触颇多。我想，这可能也是创意营给大家带来的收获之一吧。

设计方法

我们总是趋向于简单化事务的过程，乐于用公式来描述周围的世界，不自觉地把这种方式带给了学生，学生也形成了一种简单化的设计思考方式，由开始到终点一条直线，很少做发散性的思维。一旦结果不理想，就推倒重来，把原来的思路全部否决掉。这使他们很难把初始的概念贯穿下来。

设计是需要不断地发现、不断地调整的过程。对设计的概念要有发散的灵活性，不能死抱着一点不放。要根据设计过程中不断出现的问题，及时修正自己的对策。这种不断地修正与反馈的动态过程才是真实的设计状态。

在其过程中重要的一条是要把概念、想法充分地表达出来，展现出来。而表达与展现的质量，对后续的设计非常的重要。这就是造型设计专业与其他专业最突出的不同点。在头脑中的思考不能解决问题，必须要充分地、准确地表现出来后，才能通过视觉或其他的知觉感觉作出判断，并由这种判断引导后续的思路发展方向。

而一些学生则把表现简单地理解为成果的表达，只有在最终阶段才投入很大的精力去表现，这是一个不好的习惯，当然基于时间、精力、资源的限定，我们不可能在每个阶段都完美地表现，但是灵活地掌握各种快速的、适当的表现手段，是提高设计思考质量的重要途径。在这里表现是思考的重要手段，而不是结果。

想到的东西还有很多……

创作营结束了，但我想它就像一个发酵场，我们这些被投入进来的形形色色，在这里碰撞、激发、催化，又产生了很多的形形色色。不论产生了什么，都在发散、在飞扬，我想这也就是它的魅力吧！

材料创作营侧记

张晔

自从受到杨冬江老师的召唤,我在去年暑假看了创作营的成果展之后,心里就对这个活动有了一点儿好奇和期待,因而在今年接到参营的通知后,我一直跃跃欲试。

无奈由于工作上的琐事一阵紧似一阵,原计划中的全情投入被迫演变成了一种半游离状态的试水。仔细回想下来,少得可怜的两三次参与活动当中,却有很多值得记忆的过程。以下把其中一小段记忆和感慨拿出来和大家分享。

限制上的思辨,困难中的坚持

参加陶瓷组是我自己厚着脸皮硬调的,原因是好奇于陶瓷在装饰上更广泛的表现力。在错过了工厂考察和方案讨论之后,看到第一稿方案的砖贴墙时着实有些错愕,带着满脑子的困惑和不甘心在会后参加了讨论,听到最多的就是"不行,老师","做不了,老师"。同学们显然已经被遇到的困难打击得没了激情,一张张小脸儿上缺少生气,自己给自己上了好几层紧箍咒。未经挑战的我加上不甘心的张月老师、汪稼民老师再一次沿着大家曾走过的路往回琢磨(困难主要出在材料——陶瓷砖上):一定要用现成的砖吗?我们自己创作一种不是常规的或者有特殊用法的怎么样？"做不了……加工来不及……不能保证烧成功……"，那么先用石膏替代，并且在创意时就考虑到可能出现形变，不把砖形当作完成的必要要素不就行了，"可是……"；陶瓷一定要贴在墙上吗？能不能用挂、穿、码、垒或者其他的方式？"太沉太大不好挂……结构不好搭……"，做小一点就不沉啦，"烧出来的砖是单面的……"，巧用它的两面性如何？"……"；贴在墙上太沉难度大，摆在地上也行吧，或者架空？"……"或平或立或曲或直都能形成界，……一块砖就是一个点，点的连续就形成线进而形成面，点的变化就带来多种空间、界面变化的可能……，……讨论并没有确定方案，只是发现多方面的可能，并且用这些可能来挑战我们有限的时间、财力、建造力的底线，尝试摸索各种"可能"的疆界，这样，同学们就有更大的空间去施展拳脚。

这样的反复虽然耽搁了不少时间，但是回头想来，还是有些收获，至少我们在诸多限制当中尝试着去坚持梦想，非常希望同学们也能有类似的体会。现实世界的设计师在职业道路上有太多的限制，环境上的、制度上的、时间上的、经济上的、设备上的、工艺上的，来自人的、来自物的，作为一个设计师，如果轻易地被限制打垮而放弃追求，放弃进步，回归平庸就太可惜了，是不是？所以我们要在修炼的过程中学会坚持，当然不是宁折不弯的坚持，而是充分了解限制，发掘限制当中和背后的更大的潜力，巧妙地利用它，从而坚持自己的职业原则，实现梦想，给自己和别人带来惊喜。这样作为设计师的生活才会充满创造的乐趣，不是吗？

这是一个开端

汪稼民

材料决定形态,而形态表达着设计师的设计思想。在建筑装饰设计中,材料的应用是一个极为普通而又极为关键的问题。优秀的设计师总能以独特的语言来表达自己的想法。而材料往往就是其词汇的重要组成部分。不断学习,掌握新词汇,那是设计师得以成长、进步的基本保障。随着社会进步的新要求,各种材料的研发日新月异,并在某种意义上引领着设计的向前发展。

我们陶瓷小组得以来到中国陶都佛山考察建筑陶瓷的生产过程,与材料进行最密切的感情沟通,这无疑就像在一个密蔽的空间打开了一扇窗,新鲜得让人激动,这个过程中的发现和认识,启迪了同学们新的思考,思想的神经被挑动了。设计的冲动、设想的酝酿在工厂就已经开始,跃跃欲试。然而回到学校,整个实际的创作过程却是意想不到的艰辛,很多的想法很快就被自己否定,一次又一次地放弃一个又一个的构想,而最后的效果亦并非每个学生认为的理想结果。大概这种遗憾也正是我们这次活动所得到的最大收益吧,每一次的放弃也正是同学们对材料以及自身的又一次认识。同学们手捧着沉甸甸的手工砖,可以说既爱又无奈,他们甚至想过把它打碎,或把它当成骨牌进行排列,甚至放弃既有的产品，重新设计，让它成为轻巧的"珠帘"。然而这毕竟离我们的初衷相去太远了。建筑大师赖特这么说："材料体现了本性而获得价值，人们不应该去改变它们的性质或想让它们成为别的"。我想同学们的无措不仅仅是对材料以及材料应用的工艺缺乏经验，而更主要的是以往在学校学习培养起来的思维无法在材料与主题之间搭建起一座桥梁而恰如其分地表达出自己的设计思想。所以只能放弃最初始的感觉来达成最终的结果。因此作品更像是一个游戏——在不同的色点的组合中寻找"界"，而手工砖本身传递给人们的那种分量感，似乎于其中并没有发挥出它相应的作用。但在放弃的过程中，它却给同学们留下了沉甸甸的思考。这来不及而只能留待日后思索的问题也正是这次材料创作营所希望解决的根本问题，迈开了这一步就是一个良好的开端，但仅仅是一个开端而已，任重而道远。

照明小组

前期调研

物体的客观存在怎样在视觉上对人是有意义的？人所看见的都是光，或者是光通过各种物体表面所反射出来的光谱，照明方式的选择是一种解读空间方式的选择。同一个空间可以通过照明获得不同的解读，而这种解读的方式其实就是设计师的素养和哲学。同时，阴影作为光的对立面，在空间中总是与光互为补充，不仅仅在亮的地方存在光，阴影处同样也存在光，光是充斥整个空间的，阴影的颜色也是光照射的结果。因此，空间中的光有多丰富，阴影也同样有多丰富。阴影也应该成为空间构图中与光同样重要的元素。这次我们的作品也就是从这点出发，通过光和影的语言来表达我们的概念。

关于 三雄·极光®照明

创立于1991年的三雄·极光照明,一直致力于开发和生产高品质、高档次的绿色节能照明产品。其间开发研制了户内和户外两大品类,包含了各种电气配件、光源、灯具,共计2000多个品种。2003年公司推出了全系列的T5产品,使节能事业进入更高的阶段。2004年公司又新推出了装饰类产品系列,以时尚、高端作为装饰类产品发展方向。公司现已发展成为占地5万多平方米,年生产上千万套灯具的大型绿色照明生产企业,成为国内最具综合竞争实力的绿色照明生产企业之一。

照明小组

■带队专家：
徐秀卿（Swoo K. Suh）、管沄嘉

■合作企业：
广东东松三雄电器有限公司

■小组成员：
张静（天津美术学院）
吴尚荣（天津美术学院）
KIM Yongseob（韩国）
HAN Jiyun（韩国）
陈其雯（上海大学美术学院）
赵国伟（清华大学美术学院）
申杨婷（清华大学美术学院）
王宇迪（清华大学美术学院）

创作笔记

2009年6月30日　在三雄照明公司北京办事处参观考察

开营后的第二天,我们全组人员在老师的带领下来到了广东三雄·极光照明公司在北京的驻地进行参观学习。公司的工作人员对我们进行了热情的接待,并且耐心地给我们讲解每种灯的作用。我们就产品的特性提出了一些问题,工作人员都详细地为我们解答。

我们了解了灯具的制作流线、国家标准尺寸等,这也给我们的创作"打了预防针",说明我们在制作过程中会遇到许多限制,不能一味按照我们设想的来做,而必须配合现有的灯具来设计。经过一个上午的调研,组员们大致了解了厂商所能提供的灯具,对各种灯具的用途和性能有了更进一步的认识和了解,也让我们每个人的心里多了一杆秤,明白了如何在方案中恰当地运用好这些材料。我们必须使设计和实际相结合,并不是单单地空想方案,诸如这样实际制作的方案,可以让我们学到更多的东西。

2009年7月1~3日 方案研讨

在参观完三雄·极光照明北京公司之后,全体组员们就立即进入了创意阶段,发挥各自的想象能力,把想法以草图形式表现出来。我们的带队老师管老师和徐老师,先各自听取了大家的想法,然后从中提取最符合这次主题的方案。

组员们结合光重新审视了"界"的涵义。"界"并不是一个面,或是一面墙,它可以是一个实体,也可以是一种虚无的载体。经过几次方案的反复结合,最终确定了以"影·印"作为我们这次作品的题目。因为光是一种虚无的东西,摸不着、碰不到,然而只要有光就

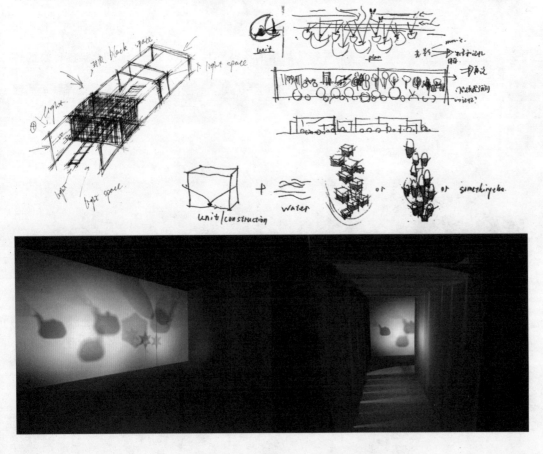

会有影，光与影之间会产生另一种介质，那就是我们所谓的"界"。因此，光与影是相辅相成的，谁都脱离不了谁。最终我们便以影子来表达我们的设计方向和想法，同样我们也用影子来记录印象，运用自然光和人工照明，展现出光虚无却又真实存在的感觉。

在具体的表现形式方面，由于白天自然光的强度和漫射光的存在，我们很难直接用灯光营造出完美的效果，因此我们想利用不同的空间来表现光影的存在。我们并没有去制作完全意义上的盒子来强加一个黑暗空间，光是一种很轻的介质，更可以说它只是虚实得存在着，那我们一定要把它这种特性表现出来。

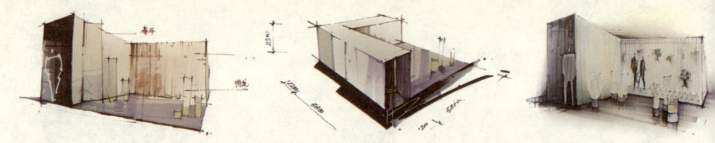

于是我们决定利用3个不同的空间来呈现设计思想。我们在5mX5m的场地中,划分出3个空间:黑色空间、灰色空间及亮度空间。

(1)黑色空间。用遮光布把空间隔开来,变成一个完全的黑色盒子,没有光线。只有当门稍转开,自然光投进来之后,黑色的空间才会呈现出来,虚实的变化就这样因为自然光的投射而慢慢过渡到灰色的空间。

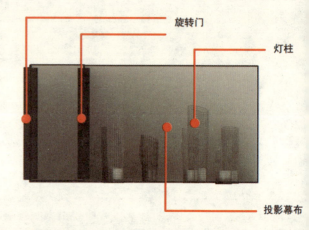

(2)灰色空间。这是我们整个作品的中心连接点,是黑色空间和亮度空间的过渡空间,影子也会将在这个空间展现出来。利用人工灯光在幕布后面放置不同的高度,打出强烈的灯光,透过放置在幕布后面的不同大小的剪纸,投影到整块大型的幕布上,形成大大小小形状不一的影子。而另一侧则是用绳子系上灯杯,形成一层幕帘,在其中自由走动的同时,影子也会随之自由地变换。

(3)亮度空间。承接着灰色空间,其中由8个大大小小的灯柱组成,运用人工灯源,使灯光通过折射反射到地面之上,形成不同的光晕。

由黑色空间过渡到灰色空间再穿梭到亮度空间,形成了3个空间的转换,让人感受不同光源的变化。整个虚实的变化,可有可无的交替,就是我们要表达的"界"的概念。

2009年7月4~10日　创意制作

一、购买材料

当方案最终定下后，我们便继续深化内容、定材料和尺寸，正式进入制作程序。7月4日一早，大家便一起到了金五星建材市场购置辅助材料。区别于其他小组的是，我们的材料的特殊性预示着我们必须用很多辅助材料与光进行组合，才能有完美的表现。在购买材料的过程中，由于考虑到经费，我们常常货比三家。从布料、五金、到工具和木头，存在了太多的不确定性，我们必须购买很多不同的材料回来进行不同的实验。8个人都各自发挥着自己的才智，在整个工程中提供着不同的意见。有了第一次的购买材料的经验之后，第二次、第三次就变得简单很多了，我们对于材料的特性有了更多的了解，选择时便更具有方向性和目的性。这对于今后我们成为一名真正的设计师，是一个很好的经历和磨炼。

二、制作木框骨架

材料购买结束之后,大家就一起进入了作品制作的过程。我们组仅有的3个男生挑下了搭建木框盒子的重任,而女生们在旁边配合,等木框子出来之后,再开始绷布。

我们把材料都拿到了地下一层的木工房,用工房的设备进行加工。我们对于设备并不熟悉,于是请教了工房的师傅,师傅很耐心地告诉我们工具怎么用,结构怎样处理会更好一些。在师傅的帮助下,我们很快地就掌握了工具的运用。仅用了大半天的时间,我们就把3个木框盒子制作完毕了。但因为只是用钉子钉的,所以稳定性不够,于是大家又到金五星建材市场买了一种撑架,把撑架钉上之后,稳定性明显增加了。

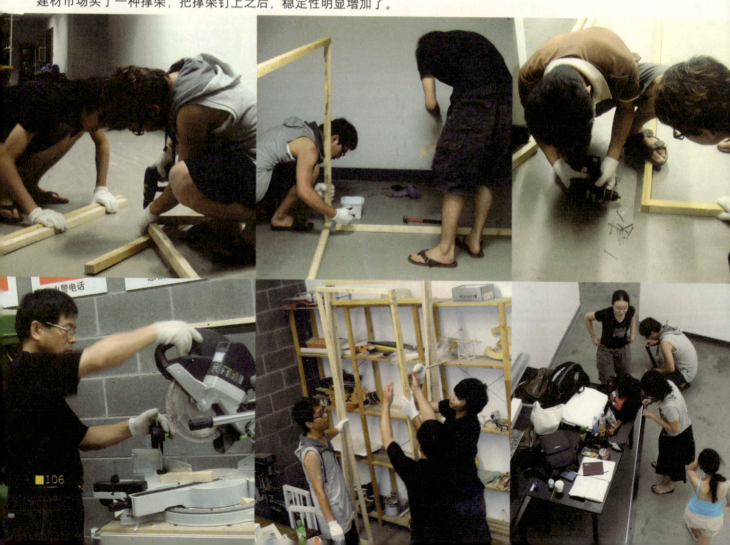

三、框架搬运

大的框架制作已经基本完毕，因为厂商的灯具马上就要运到，我们决定先把它们搬到五层的制作场地看一下大体效果。岂料意想不到的问题发生了——美院过道的门过于狭窄，我们的框架根本无法通过。大家几近崩溃，因为这也就意味着前一天的全部工夫白费了，必须马上修改方案，将我们的"木盒子"变为可拆装的。

两位老师也顿时犯了愁，大家都竭尽全力地在想对策。最终我们把搭好的完整木框子拆开，变成2个L形，才能勉强从门内通过。我们组的男生们，特别是韩国同学，此时突显了超强的动手能力。通过大家的齐心协力，我们终于度过难关。

四、黑色空间制作与调整

框架重新架起后女生们就开始为它"穿上黑衣服",也就是用大头钉把布绷在里面。经过一个早上的工作,由于一直在用力按钉,女生们的大拇指都红肿了,但是没有一个人抱怨,仍然努力地继续工作,可以说是"痛并快乐着"吧。

与此同时,新的木框架制作也在紧张地进行着,同学们还在不断地给架子"穿衣服"。就在黑空间的轮廓已经基本完成时,大家发现由于构成黑空间的3个单元体并不完全一样,细微的大小偏差就有可能导致空间内部接口处留有很大的空隙,致使整体空间的暗度不够,并且,由于木框架的遮光布都露在外面,使得作品的整体外观效果受到很大的影响。经过反复商量,组员们一致认为必须将裸露在外的木框涂上黑漆,并在外围用白布将整个黑空间包裹起来。

五、灰色空间框架与剪影制作

黑色空间部分的幕布绷完后,大家架起了灰色空间部分的框架。由于灰色空间的背景与顶棚部分均为白布,所以我们便把木框事先涂成了白色,然后再把白布固定在木框上。

与此同时,两个女生开始制作我们灰空间幕布后的剪影。我们的韩国同学负责了所有剪影图形的绘制,然后再裁剪下来,将其和鱼线固定,悬挂在白色背景布的后方。

六、灰色空间灯杯悬挂

7月8日下午，厂家的师傅带着我们需要的灯具抵达了，并先帮我们把60个小灯杯焊好。同时，男同学们加紧速度把灰空间的木框架钉起来，并将黑空间和灰空间的大芯板地面安放好。两个女生则把悬吊灯杯的金属线分为2m和2.3m两类，各剪出了30根，再用胶枪把灯杯和金属线固定在一起。晚上10点左右，两方的工作基本完成，于是开始挂灯杯。灯杯与灯杯之间间隔60mm，画好点，钉钉子，栓金属线，把钉子完全打进木框。一个小时后工作完毕，灯杯组成的帘幕效果很是独特，大家都欣喜雀跃着。

七、接线装灯

时间过得很快，转眼到了制作的最后一天。组员们依旧准时来到教室投入工作。下午厂家的师傅来接线装灯了。几个灯通好电，调好角度后，我们把剪影高高低低地悬吊起来。这时我们的作品已经基本完成了，大家都非常兴奋。借着这份喜悦，我们又去买了黑色和白色的即时贴，贴满地面。最后，男生们用铁丝网卷在大的筒灯上，做好了高低不一的8个开敞空间的灯柱。到了晚上，我们的实物制作便全部完成了，夜晚的效果更加奇妙，大家都沉浸在喜悦之中。

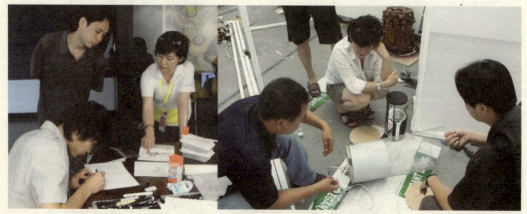

作品概述

光与影，是相辅相成的，在虚实变化中产生了一种介质，就是这次我们的主题"界"。

"界"不单单是一面墙，而是可以不断变化的一种由实到虚，由虚到实的空间。而光又不同于其他小组的材料，它是一种虚无的载体，没有所谓的实体存在。通过不同的介质，我们可以获取光、抓住光，创造不同的光影效果。这次我们的设计围绕不同环境、不同质感地获取光而展开，整体实物由3个单元体构成，它们分别为黑空间、灰空间和开敞空间。以光塑造不同的氛围，考虑环境在充分利用自然光的基础上，使自然光与人工照明相辅相成，使一实一虚的界面交相呼应。

由狭窄的黑空间进入，整个空间只有两道细微的光自两侧打进来，这样的空间，人会有想要迅速走出去的想法。接着进入灰空间，大大小小的树影构成一道影墙，由一个完全密闭的空间进入了半开敞空间，一切因为光而变得美好，光与物体的碰撞形成了影，构成不同质感的界面。半开敞空间与开敞空间中间并没有固定的门来限制行动，穿过60支悬吊灯杯构成的"幕帘"，便来到了开敞空间。开敞空间由高低不同的8个灯柱构成，通过铁丝网的弯曲，形成不同的曲面，构成不同的光影效果。在小小的25m²空间内，我们设置了3种不同的获取光的方式，自然光与人工光源相辅相成，最终造就了我们现在的作品。

"光之与人"——正如光与植物的关系一样，光与人的关系应如生命一样，不仅仅是自然光，人造光也应如此，互动的墙面，互动的肌理。

一次探索边界的极限体验

管沄嘉

"界"——因感知而存在

从某种意义上讲,"存在"与其说是一种纯粹的客观现实,毋宁说是人们感知的结果。光的出现使得黑暗空间的边界得以显现,而影的存在则使得明亮的界面被人所感知。因此,对于"界"的感知便有可能在光与影、明与暗、实体与虚空的游戏中得以实现。由于不具有实体的属性,光显然不能算是一种材料。但通过某种方式,光可以在表现物体或材料的同时呈现自身,这一特性使得光可以以极为隐蔽和含蓄

的方式成为材料、实体与空间的主宰，一个作为配角的主角。尽管这些算不得什么新的发现，但能与本次"命题作文"的题目取得某种契合，也是一件值得高兴的事情。

探索边界的极限体验

在指定赞助商的帮助下，来自两个国家五所不同大学学生组成的设计团队，在极其有限的时间和预算内制作完成一个命题作品，是本次活动每个小组所必须实现的目标。显然，这一设计制作过程早已不只是对于空间边界的学术探索，更多的是对于小组成员们的精力、体力、意志力、决断力、沟通能力、组织协作能力和综合创造力边界的一次挑战。我参加材料营活动已经不是第一次了，尽管每一次活动的过程不同，但看到同学们的情绪在极度低落和极度亢奋之间转换，总感觉像一部引人入胜的情节剧，跌宕起伏，这应该就是极限运动的魅力所在吧。

未来可能的尝试

材料营的活动已经开办第三届了。从无主题到有主题，从两所学校到八所学校，从本土到逐渐国际化，不仅影响力在不断扩大，学术深度也在不断加深。总体而言，目前材料营的活动方式对于学生们综合素质的提高无益很有帮助，但似乎对于每一种材料进行更为深入研究的作用有限。且因为时间所限，不仅设计成果的制作精度要打折扣，而更关键的是同学们在过程中缺少试错的时间和机会。有鉴于此，我们是否可以考虑对活动的组织方式作一些适当的调整以解决上述问题呢？比如，每一个小组与一种材料厂家在最终的交流仪式前半年就开始合作，中途规定一个时间点，所有小组进行一次集中的中期交流，到最后的交流仪式时再对最终成果进行集中发表。这样研究和制作的时间可以与交流仪式的时间相分离，以保证研究的深度和制作的精度。此外，异地交流的学生也可因此而适当增加参观考察的时间。遗憾的是，作为极限运动的魅力可能也因此而荡然无存。

准备好了,光!行动起来!

徐秀卿

一年以前我收到杨冬江和杨宇教授的邀请第一次成为"创意未来——装饰材料创作营"的指导教师。我初次经历创作营就是和杨宇教授一起,杨宇在GRG小组。虽然我是在后来参与到这个专题活动中的,我仍然非常享受和学生们一起工作。所以,当杨冬江教授邀请我第二次来做指导教师,我已经准备好释放我全部的能量,并且非常激动能够全程参与到这个活动中来。今年除了我,还有一位来自韩国的赞助人也参加到这个项目中,他就是明升建筑集团的李淳祚先生,他使得10位韩国学生得以参加今年的创作营活动。因为韩国学生的参与,这个创意营现在已经成为了一个国际性的项目,和一个优秀的韩中之间的教授及学生的交换计划。在我继续我的指导教学之前,我想谢谢所有参加、组织和协助过此次项目的人们,特别是清华大学美术学院的杨冬江教授以及他的团队,我非常感谢你们对于韩国的老师和学生们的邀请。

就像我前面提到的那样,我从2008开始就作为指导教师参加了创作营活动。所以我对这个计划和计划过程中所期待发生的事情都感到很愉快。但是最重要的是,有了清华大学的管沄嘉教授做我的合作教授,来指导我们"照明"小组,我很放心也非常高兴。我们开始的第一天就是带学生们来到赞助商的照明展示室选择我们可以使用的照明灯具,并了解它们的各种可塑性。在照明展示室,我们意识到我们会有很多机会运用各种各样的照明,但是我们需要创造我们自己附加的个性或者环境来最高质量地表现照明。我们在创作营中的任务是测试照明的各种可能性,并且通过测试得知它对人们感情的影响。

准备好了!

在最初的讨论中,我们的关注点便是如何为"光"下定义。如何利用自然光的可能性和人工光源也在我们的讨论范围之中。最后我们就空间的形状和光效的顺序达成了一致。在讨论的结尾,我们决定了自己的主题——"影·印"。我们想表现光和影的关系,所以学生们想挑战利用不同的光电器材和材料创造出各种影子。

一旦主题和空间计划决定了，学生们随即开始购买材料。他们不得不学习估算需要购买的数量和他们要在这个课题上花费的预算。他们决定了各自的角色，团队合作甚至从开始就已经非常顺利了。他们已经准备好了进入下一个阶段，真正经历将设计转化为现实的挑战。

光！

当4所不同的中国大学和4所不同的韩国大学在6月29日的开营式上第一次见面的时候，他们都是特立独行的学生们。但是随着时间一天一天地过去，他们保持着他们的独立性，然而更加成熟，并且逐渐成长为一支伟大的彼此合作的团队。每一位学生都有着过人的才华，有些学生具有优秀的专业表达能力，有些学生非常有积极的行动力，有些学生则具备了不错的艺术修养，有些学生精通计算机平面造型，还有很多人有很好的组织能力。所有的人都拥有年轻而充满活力的能量并渴望通过尝试得到更好的结果。当照明小组得到了材料，我们最大的挑战就是怎样利用照明建立一个空间并营造出我们想要的气氛。但是可以想象，学生们从来没有建造过如此体量的一个实体。因此，我们最花力气的部分就是建立空间的结构。如果交给木工师傅或者建筑工人，这个部分会很简单，但是因为学生们完全地经历过了，他们现在对在未来建立任何结构都感到有十足的信心。

学生们对项目的成功完成感到非常兴奋。就像光的天性，燃烧自己照亮他人。这正是我们8

名独立的同学们所学到的,他们为"影·印"投入了所有的能量。在项目开始时,他们就像一簇簇小小的光,但在项目结束时,他们变成了一束束巨大的引导光。

动起来!

毋庸置疑,在一个封闭的空间中,一盏小小的蜡烛可以驱走黑暗,没有光,我们就没有办法感受空间,更无法享受生活。我想今年的设计营对于每位参加者来说就好像一束光源。或许它只是很小的一线,但因为有了它,我们才能够意识到我们是活的生灵,我们会表达、表现、反应、相互影响、相互协作、挑战、梦想、哭泣、大笑、记忆和珍惜。两个星期实在是转瞬即逝,以至于我无法表达所有我内心的感受,对于倾听别人的心声也显得那么短暂,但它给了我心灵的火花,这足以让我看到这些学生中的每一个人都是如此重要,如此富有天赋,他们会引领未来的设计。他们还要不断磨炼直到找到合适的切入点和适宜的环境来充分显露他们的光芒。

通过这次的创作营活动,我想我们所有的人都学到了3样东西:第一个是按照设计程序一步一步进行的重要性。明确的设计程序会使项目更易于开发,概念鲜明。第二个是相信自己和相信他人的重要性。为了让自己相信他人,你会不得不学习相信自己和确立自己的信心。为了让你相信自己,你需要对你的

决定负责。如果你想成为一名优秀的设计师，作出决定并承担责任是你必须发展的重要能力。最后一个就是认清团队工作的重要性。设计的规则就是你总是需要和别人一起工作来完成同一个项目。无论你是主设计师亦或是一个初级设计师，你会有非常多的机会与其他设计师、工人和制造商一同工作。因此学习合作也是设计师非常重要的工作。

在最开始时，韩国学生来参加到这个设计营活动中，我原以为会有很多交流上的问题。就如大家都知道的那样，语言差异可能是任何国际事务中的一大障碍，今年的创作营也或许如此，但我后来发现学生们是这么聪明、智慧，他们发展了自己的身体语言和世界语言系统来彼此交流。在创作营的尾声，大家所有的人都表现得不愧为一个有着共同梦想，创造着未来的团队。

就像法国作家乔治·佩里克（1936-1982）

曾在书中写的那样:"生活就是从一个空间转向另一个,你要小心不要碰伤你自己"。

创意设计营活动结束了,我们所有的人都经过了一个空间来到了下一个空间。我们可能已经试着不要磕磕绊绊,但也真的享受了彼此间的相互作用。谢谢你们所有的人和我分享了这精彩纷呈的两周,给了我和老师们、学生们之间异常珍贵的回忆。特别要说的是,我期待着在不久的未来和我们小组的成员们再见!谢谢你——"光环境小组"!

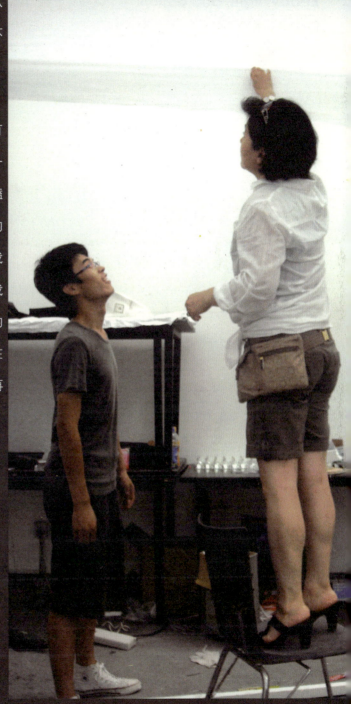

Ready, light, and action!
Dr. Swoo K. Suh

It was just a year ago when I was invited by Prof. Yang Dongjiang and Prof. Yang Yu for the first time to be a tutor at the Tsinghua the 2nd Creative Future Material Creation Camp(after the Camp). My first experience of the Camp last year was with Prof. Yang Yu in the team of utilizing GRG. Although I participated in later part of the workshop, I still enjoyed working with students making full scale project. So, when Prof. Yang Dongjiang had asked me for the 2nd time to tutor, I was ready to give all of my energy and was very excited to fully involved in action. Besides my participation, this year, there was a sponsor from Korea, Mr. Lee Soonjo of Myungseung Architecture Group, who made possible for 10 Korean students to participate in this year's camp. As Korean students participated in the Camp, the camp now became an international event and good exchange program between China and Korea students and professors. Before I go on to give my feedback, I like to really thank all who had participated, organized, assisted and most of all to Tsinghua College of Art and Professor Yang Dongjiang and his team for the invitation to Korean students and tutors.

As I mentioned, I had already participated in the Camp since 2008 as a tutor. So I felt comfortable about the program and what to expect during the event. But the most of all, I was extremely relieved and happy to have Prof. Guan Yun Jia of Tsinghua university to be the partner professor to tutor our team of "Lighting". We started our first day as taking students to the sponsor's lighting show room to see what types of lighting we can use, and their possibilities. At the lighting showroom, we realized that we would have the opportunities to work with various types of lightings but we need to create our own enclosure or environment to express lighting in its best quality. Our own mission of the camp was to test all possibilities of lightings and how it will influence human emotion.

Get Ready!

During our first discussion, we focused to define what is "light" and how the "light" will be perceived differently by the environment. Possibility of utilizing natural light and artificial light was also discussed and we finally agreed on the shape of the space and sequence of light effect. At the end of discussion, we decided on our own theme; "Impression of Shadow". We wanted to show the relationship between lights and shadows, so students wanted to challenge to create different shadow effects by utilizing different lighting equipments and materials.

Once the theme and space planning was decided, students went onto purchase materials. They had to learn to estimate how much they need to purchase and how much budget they have to spend on this project. They had divided the role and team work was going well even from the beginning. They were ready to move on to the next level to actually challenge their design-build experience.

Lights!

When 4 different universities from China and 4 different universities from Korea had first met together in the Opening Ceremony day of June 29th, they were all "individual" students. But as each day went by, they kept their "individuality" but matured and grew into become a great "team mates" to each other within a team. Each student had great talent; some had good sketching skills, some were very pro-active, some were artistic, some were excellent in computer graphics and many had good organization skills. And all of them had young and vibrant energy and willingness to try for better result. As the lighting team just had equipment, our biggest challenge was to build the "space" to install lighting to create the ambiance we wanted⋯but as you have guessed, they had never built anything in "full scale". So, the major part of our energy had to be spent on building structure for the space. This part could have been simple and easy if we gave the job to regular carpenter or outside worker but because the students had experienced fully, they now felt confident about building any structure for the future.

Lighting was installed and decoration went on after structure was completed and students were so excited for the project they had made with great success. As the nature of lighting, it burns itself to give life to others. That was what our 8 individual students learned⋯they put all their energy to bring our "Impression of Shadow" to life. They started as one small light but as the project ended, they turned into a big guiding light.

Action!
It was very interesting on the last night of our Camp. Other teams(GRG, Wood Flooring, Ceramic Tiles, Cork, as well as Plastic Laminates), wanted to borrow our lights to light up their projects to take photos. As mentioned, "lights do help others to have life" so we let other project to share our lights and once they were lighted properly, all 6 projects were full of life and action.

It is true, that one small candle can take away darkness in a closed space. Without light, there is no way we can experience space, feel or touch and enjoy life. I think this year's Camp was almost like a source of light for everybody participated. It maybe was a small stream of light shining but because that source of light, we were able to realize that we were living creatures, who can express, behave, react, interact, assist, challenge, dream, cry, laugh, remember, and cherish. 2 weeks were too short to express all what we have inside and maybe it was way too short to hear other people's heart but it gave us enough spark to show how those students are important and talented individual who will lead future design. They just have to take some time to polish and find right connector and suitable environment to use their light fully and properly.

Through this Camp, I hope all of us have learned three things. One is the importance of going through design process. Having good design process will make project easy to develop and strong in its concept. The second is the importance of trusting you and others. In order for you to trust others, you will have to learn to trust yourself and your confidence. In order for you to trust yourself, you need to take full responsibility of your decisions. Making decision and taking the responsibility is a key ability you must develop if you want to be a good designer. And the last will be realizing the importance and art of teamwork. Design discipline often needs to work with others to complete a project. Whether you are a main designer or a junior designer, you have many opportunities to work together with other designers, workers and manufacturers. So learning to cooperate with others is very important to work as good designer.

In the very beginning, with Korean students coming to participate in the Camp, I expected that there will be many problems in communication. As commonly known, language differences maybe the one obstacle in any international events such as this year's camp but I realized that students were so clever and wise to develop their own "body language" and "universal language" system to communicate each other. By the end of the design camp, all of them were acting as one team and with one dream of making creative future.

As French writer, George Perec once wrote in his book, " to live is to pass from one space to another, while doing your very best not to bump yourself". Creative design camp has ended and all of us made the passage through one space to another. We may have tried not to bump but really enjoyed inter acting with others. Thank you all for sharing these remarkable 2 weeks and giving good memories between students and teachers. Especially, I am looking forward to meeting our team members in the near future. Thank you "Lighting" Team!

造型小组

前期调研

关于

上海盈创装饰设计工程有限公司是一家专业从事建筑装饰材料生产、房屋装潢设计系列化经营的企业，同时，也是我国第一家且最大的一家GRG产品的生产制造、配套安装企业，具有设计乙级、施工甲级资质。GRG产品是该公司经过4年艰苦研发，于2001年在国内首家研制成功并逐步完善了配套生产和安装系统的主打产品，2003年开始替代国外GRG产品，结束了我国GRG产品长期依赖进口的局面。几年来，该公司先后成功完成了国家大剧院、中国京剧院、上海东方艺术中心、广州白云国际会议中心、内蒙古大剧院、武汉琴台大剧院等数十个大型公共建筑项目的制造和安装，形成了一整套成熟的GRG技术和标准，获得了工程的设计方、建设方和广大民众的一致好评。

关于 DURAVIT

有卫浴界的劳斯莱斯之称的德国Duravit，1817年在德国黑森林设立工厂，距今有着近200年历史，是世界洁具行业四大驰名品牌之一。以自行设计陶瓷卫生设备和浴室家具为主，并且以革新的路线和顶尖品质以及功能性获得多项国际设计奖，是第一个提供卫浴设备设计最完整系列的生产商。Duravit产品是既符合大众的要求，同时又能满足个人风格的最佳设计，体现出了一致的风格并且提供了丰富多彩的样式以供选择。Duravit认为舒适和自由的活动空间是极为重要的，因为这样可以大大增加产品对消费者的吸引力。所有的设备都旨在提供舒适、放松和欢快的沐浴。

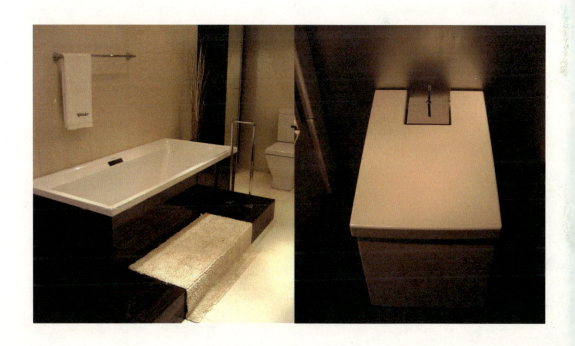

造型小组

■带队专家：
李星勋（Lee Sung Hoon）、王辉、魏二强、琚宾

■合作企业：
杜拉维特（中国）洁具有限公司、上海盈创装饰设计工程有限公司

■小组成员：
朱煜霖（上海大学美术学院）
王英欣（清华大学美术学院）
苏靓（清华大学美术学院）
毛晨悦（清华大学美术学院）
康影（天津美术学院）
滕腾（上海大学美术学院）
KIM Hyosoon（韩国）

创作笔记

2009年7月1日 *GRG材料的调研*

GRG的材料对于我们来说是一个新鲜的事物，通过对GRG材料特性的了解，我们发现GRG材料的高强度特性可以保证模型需要的硬度，供人踩踏、移动、玩耍；而很好的韧性可以制作任何想要的造型，也为我们想象力的发挥提供了更大的空间。GRG模型的制造过程其实非常方便，只要电脑建模，即可自动生成模型，并能够确保创意所要求的制作精度。通过对材料特性的了解，我们就能够更好地把握设计方向，制作起来也更为方便上手。

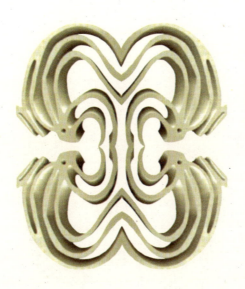 

2009年7月1～3日　方案研讨

7月1日是正式的概念构思阶段，一大早大家就齐聚教室开始讨论，辅导我们的是琚宾老师。他对我们初步的方案给出了评价和意见，并通过自己使用GRG的经验给我们的头脑注入了更多发散性的思维。经讨论，我们初步总结出2个方案：一个是借用视幻艺术，"界"随着观众的运动而运动，并使两边的观众形成互动；另一个是互动的两个界面的游戏。

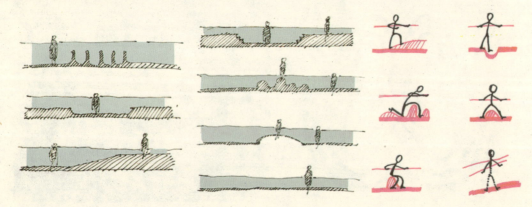

之后，我们向王辉、李星勋两位老师阐述了概念，老师们对我们的方案从优势和劣势两方面进行了分析，王辉王老师更是从创意和实践两方面出发，对我们的方案进行了4轮的修改和整理。不过大家很快意识到了材料的成本方面的问题，并就这一点提出了缩减成本的几点建议：①缩小模型面积；②使用替代材料；③节省材料，作品回收。

大家在明确了发展方向后继续方案的深化，具体的内容包括：

(1)概念的统一。方案进行到这个阶段，大家的认识也达成了统一，"两个层面"的共识为我们之后的深化奠定了基础。

(2)第一个层面路径方式的设置。一改过去用四边形的组合，介入三角形的概念，使组合更加多元化。

(3)第一层面与第二层面的连接关系。这是从节省材料的初衷出发点，25m²的范围如果用两层势必会超出厂家提供的30m²的最高限，这就需要我们或是省去一层，或是寻找更合适的替代材料，抑或是合二为一。我们选择了最后一种。

(4)平面单元尺寸。这一问题是针对作品回收的问题而展开的，最后的平面大小定义为了四边各为4m的方形。

过程中，雕塑系魏二强老师也给予我们非常大的帮助。他运用多种材质调动各种感官，利用封闭空间制造"界"与互动的想法，以及对相关专业的借鉴给了我们很大的启发，使我们意识到学习设计并不能照本宣科。

在老师的带领下，我们针对问题进行讨论，各个击破。分别从平面布局、剖面构成、界面处理等方面入手，最终颠覆性地改变了以前上层路径、下层起伏的方案，将二者的功能合二为一，并借鉴某些艺术作品，引入了人的主题，并借以这个元素实现互动的各种组合。这样既起到了节约成本的作用，又有利于之后的回收利用。

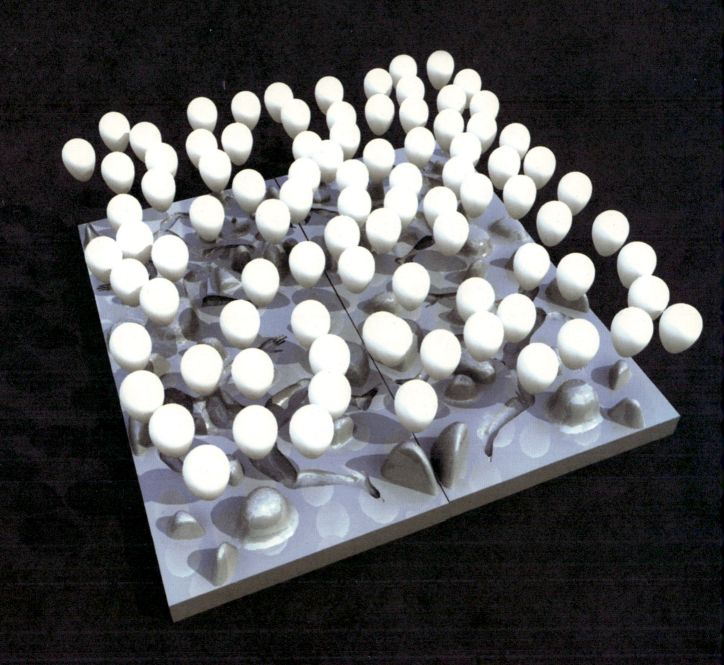

2009年7月4～10日 创意制作

一、确立形态参数

魏二强老师向我们详细讲解了制作模型的材料和所需的工具，并提出了多种模型材料的方案，包括泡沫板、石膏、铁丝等材料的不同属性及制作过程，经过方案的详细确认我们最终确定采用石膏和铁网作为我们模型的主要材料。材料的明确使我们对接下去的工作有了更为直接的认识。大家便马上开始动手做起一些前期工作。先由CAD做出整体的尺寸和每部分的参数，随后用雕塑泥制作了小型模型作为立体的实物参考，为正式模型的制作作好准备。

二、购买材料

一早我们便去购买制作工具,魏二强老师不仅给我们开出了一张详细的购物单,并且带领我们一起去双清路的建材店购买材料。我们买了铁网、大铲刀、小铲刀、水桶、脸盆、手套等,还订购了10袋石膏粉。待一切准备妥当,就可以开始制作模型了。

三、绘制底稿

我们首先在纸上按尺寸画出每部分的轮廓,以及其中人形的轮廓,制作时以此为参照。

四、编制铁网

首先我们需要编织铁网来作为龙骨支撑石膏,因为是制作人形,这为操作上带来了一些困难。一开始大家就为如何支撑尝试了多种方式,

最开始我们采用把一条铁丝弯成卷的形式,但是由于过于浪费材料而遭到否定。最后魏老师从专业的角度提出现编织现浇灌的方式,利用石膏的高粘合性进行制作。

确定了工作方式后,大家都找到自己的位置便开始工作了。但是对过程还需要适应,开始是十分艰难的,虽然我们作好了保护措施,戴上了厚厚的手套,但每个人都还是不同程度地受了伤,锋利的铁网常常把大家划伤。大家集体配合,有的编制铁网,有的搅拌石膏,两者配合,到后来就显得十分的有默契。

五、浇灌石膏

经过近两天的努力,铁网终于编织完成。我们在网上抹石膏的时候发现,由于石膏是黏稠液体,不容易在铁网上固定,所以会造成许多浪费。后来经过魏老师的指点,我们买来医用纱布蘸石膏包裹覆盖铁网,这种工作方法不仅节约了材料,更提高了工作效率。

一盆一盆的石膏很快地被浇灌，起初我们用盆来和，后来发现速度太慢，每次搅拌的石膏都不多，后来直接改用大水桶了。

通过大家通力合作，模型终于被白色完全覆盖起来，初见端倪。但工作并没有结束，铁网的编织并没有想象中的那样规整，石膏的填充液高低不一，看上去依然显得十分凌乱和粗糙，需要进一步的完善、修补。

六、细化形态

初步成型的模型非常粗糙，接下来便是细化工作。我们用捡来的KT板切成长条作为挡板，以3个挡板围成的三角形为单位，从横向上对模型的外轮廓进行限定和规整，先将挡板放在适合的位置固定，再用石膏进行浇灌，做这样一块模板的这个过程往往需要几个人一起合作，有搅拌石膏的、填充石膏的、固定挡板的……浇灌过程中，我们以限高为标准，通过填充的方式基本统一了模型的高度。仅这一阶段，就耗去了我们整整5大袋石膏，用量巨大。卸掉模板后，一个个整齐划一的三角形体块雏形显现了出来。

七、制作突起与打磨

在最后一天,大家齐上阵,连魏老师和韩国的李老师都来帮忙。大家在三角形上先用石膏碎末堆起小山包,然后再在上面浇灌石膏。仅对突起进行打磨便整整花去了一天的时间,大家都细心并耐心地打磨每一处,使其变得光滑。还有许多需要修补的小洞、小角,也得拿石膏一一补完整。

最终我们还将模型翻过来,从里面又将石膏浇灌了一遍,这样做是为了增加铁网与石膏的契合度,同时增加石膏厚度,这样模型的硬度就更高了。我们终于赶在10点大清扫之前完成了工作,模型还没有干透,干透的石膏模型将比现在轻很多,但大家都已经兴奋不已,围着模型拍照,更是亲身躺倒我们的"人形"中进行体验。

作品概述

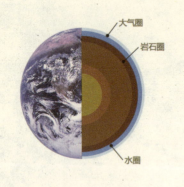

界面,从地质学以及物理学来讲,是不同圈层(包括大气圈、岩石圈、水圈)之间的分界线。我们将这个始于大型生命——地球的概念运用到人类这个个体身上,试图发现人身上如同大自然一样存在的圈层,以及这些圈层之间的分界线。经过探索后,我们发现这种圈层是人类感官和体验的圈层,而我们所发现的分界线,也就是上半身、下半身的分界线以及视觉、触觉的分界线。另一方面,界面在电脑用语上的意思是用户所体验和活动的平台。我们要做的是结合这两个概念,将由分界线所分割的体验在一个平台,也就是界面上展现出来,使参与者可以在其中体验。在这个界面中,我们的目的是强化由分界线造成的体验上的分割,让原先互相熟悉的感官圈层得到全新的、陌生的体验。

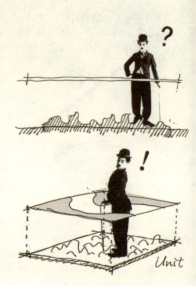

为了达到这个目标,我们引入了一个水面的概念,即当走进一个陌生的池塘,由于所能观察到的只是表面平静的水面,而水面下的情况是完全未知的,有可能遇见腐朽的枯木,逃窜的鱼群,滑溜溜的水草,甚至深不可测的淤泥,这些未知的可能性让进入池塘之旅变得与在可见的景象中前进完全不一样,正是因为有一层水面遮蔽住了人的视觉。当人的下方感觉与视线脱离时,这种未知将会引发一系列的心理感受:恐惧、好奇、期待。

我们的作品拥有两个界面：上方平坦的界面犹如平静的水面，下方起伏不定的界面则是池底的未知，使参与者能够进入我们的设计之中得到体验。在上方所设置的遮蔽中有一定的路径，当人们进入时，在这被限制的行动之中，一边看到上方的平缓，但同时脚下又体会到突发的起伏，这些起伏会使参与者相应地产生各种有趣的反应。而未参与的参观者也可以同时观察到这些反应，并决定是否选择也一同加入这未知之旅。

关于创作营和更多

李星勋

学生们，无论源自哪个国家或种族，思想和心灵都是纯净的，充满活力的。在一个专题讨论活动中协调各个国家学生的工作并不是一件轻松的事，这点我深有体会，特别是当他们的性格中还有着强烈的领导欲，而彼此语言交流又不通畅的时候。因此，在最开始的大约2～3天是这些活动通常都会经历的最困难的时期。

然而，不像成年人，年轻人更加充满韧性，不惧于任何挑战，所以他们可以很快地毫不犹豫地接受彼此。然后他们迅速成为一支强有力的队伍，去创造最好的作品，而这些创作将会停留在他们心中很久。

在过去的两周时间内，在第三届国际"创意未来——装饰材料创作营"活动中，我们组成了充满挑战的绝佳组合。我们队中的3位指导老师（王辉，瑁宾和我）以及8名学生在同一屋檐下，面对同样的任务，尝试着用一种特殊材料——GRG去创造些不同以往的东西。起初，我想它不过是一种可以表现任意弧度和形状的白色材料，很容易处理。但当我们开始探索这种材料的基本特性和我们可能创造的形状时，我们意识到我们遇到了创作营所提供的6种材料中前所未有的挑战。GRG，这种材料从不同的角度去看待，都有太多的可能性，以致让人无从下手。

带着种种可能，我们开始了讨论，都想更好地诠释出今年的创作主题——在水平面上展示"界/边/限制/界限"。这次主题和它的相关背景信息将会由学生们作报告，我们也会一同说明我们的设计过程，所以我着重关注在和学生们一起设计、发展过程中的我的感受和学生们在这次设计营中设计能力的成熟，以及在尾声时对学生的未来提出一些建议等事情。

正如我开始时提到的那样，组织起这类国际专题讨论活动并非易事。我相信，在同一个讨论活动中让两个大学甚至两个国家以上的人合作，这对组织者清华大学美术学院(特别是项目负责人，杨冬江教授)而言是个巨大的挑战，但对学生们和教授们来说，参加这个

设计营的其中一个最大的收获和提高就是,允许并邀请来自韩国和中国多个地区的不同大学来参与今年的创作营项目。今天,我们都意识到在不同规则下内部积极交流和相互交换合作是非常重要的。然而,尽管我们希望尽可能多地进行真正的,互动的交换,却总是因为交流不畅,时间有限和准备不足而难以发掘出交换的全部价值。考虑到这些困难,今年的设计营从开始就面临着挑战,但因为各方的大力支持,以及学生们和指导老师们之间的相互理解,结果是卓越的。我发现我在这几天里遇到的今年参加的所有学校都是杰出的。来自每一所学校的学生们都是天资聪慧的,乐于尝试的,而且大多有学习新知识的进取心。作为10个韩国学生(也是来自不同的学校)指导老师的徐教授和我自己,在活动最初也听到各种不同的声音。韩国的学生在离开韩国之前就已经知道了材料的种类,并就他们自己的背景和想法作好了准备。他们想要起主导作用,而忽视了中国学生在之前没有得到此次活动的主题和材料的消息。因为有对材料和主题理解的时间差,最初韩国学生感到这个讨论活动进展缓慢。然后中国学生在几天的相互交流后,逐渐开始融合,参与进而真正紧密结合起来,进行同一课题。运用和借鉴个人的想法固然重要,但是这次的讨论会带给了各位学生一堂课,教给他们一组独立的人协调合作会在最终得到更好、更强的主意。

在世界各地，我们中众多有才华的个体陷入自我主义的世界。"我"是仅有的，"我"是重要的，"我"是一切。自我体现在、沉浸在自己的世界，不愿意被他人打扰。所以我们用MP3（第三代音乐流体播放器）听音乐，用DMB（数字多媒体广播）观看自己时区的媒体信息等。但是就和人们在自我的世界里可以得到方便一样，在我们的世界和我们的团队里会更加舒适，更充满人情味。如果学生们在本次讨论会学到了一样东西，我希望就是团队工作的艺术。是的，我们都知道自己去做所有事情很容易，然而后来你只能得到一个思考的方向。一旦你打开思路，转换你固有的模式，你会开始和很多有趣的思想一起工作，它们会让你的工作更加丰富。现在的问题是你怎么去合作，并给你的团队以支持。若想要成

功，你必须有坚强的富有创造性的头脑，全面的优质的信息，不断更新的数据和开放的思想。同时我们不能忘记塑造我们的老师魏二强教授，是他为我们展示了一个谦逊而充满分享艺术的伟大榜样。

GRG只是创作营所提供的材料之一。它有很多的可能性。如果我们不进行足够的研究的话，如果我们没有足够的讨论（有时这是无止境的）和数据的话，我们不会取得目前我们达到的成果。在我们完成了我们的模型后，学生们和指导教师们全坐在模型边，伸出我们的手臂紧握住彼此。亲眼见到一个概念经过各种艰难，像我们设想的那样转化成现实的形状，这种圆满完成整个团队工作的感觉非常棒。学生们也充满勇气，不放弃他们的想法，积极进取创造各种新的机遇。

我希望为未来对大家提些建议，我想我们应该让每一个小组在设计营开始前，提前在网上在线进行讨论，那样我们就不必浪费最初的2~3天时间既思考材料又思考概念。如果他们有了这个准备的时间，合作中就会有更少的阻碍。我想只要我们的每支队伍都事先组织在线见面会的话，两周面对面的团队活动就已经足够好了。但是无论怎样，我们应该继续挑战自我，战胜困难，从不放弃彼此相互影响的合作关系。几年以后我们所有的人可能会忘记这次创作营的一些小细节，但我很肯定我们在两个星期中分享的理念和分担的困难将永远留在我们的心间。感谢你们所有的人，期待不久后再会。

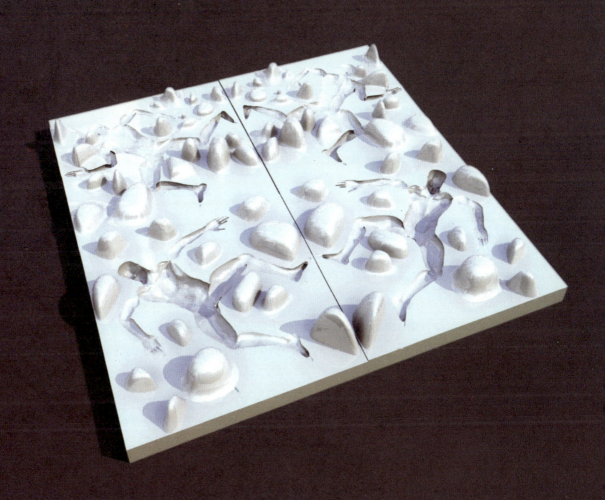

GRG and more...
 Dr. Sung-Hoon Lee

Students, regardless of their origin of country or race, are pure in mind and full of energy. I agree that it is often not easy to coordinate international student workshops when all students have leadership characteristics and have language difference problems. Therefore, in the beginning, about 2~3 days, these workshops commonly go through most difficult period.

But very soon, young people, not like adults, are much more flexible and not afraid of challenges so they accept each other without any hesitance. And then, they soon become much more powerful "team" to produce one of the best projects which will stay in their heart for a long time.

For the past 2 weeks in the Tsinghua Creative Material Design Camp, we made a good team of challenges. Our team of three tutors (Wang Hui, Zhu Bin and I) and 8 students were under one roof facing a mission to create something "different" with very unique material called "GRG". At first, I thought it was just white material which can express all kinds of curves and shapes and I expected it to be easy to manipulate. But when we started to explore material's basic characteristics and shapes we can create, we realized that we are faced with one of the most "challenging" material out of 6 materials given at the Camp. This GRG, depends on how you look at it, has may be "too many" possibilities and options to deal with.

With numerous possibilities, our discussion started and we wanted to express well about this year's theme, jie/edge/limit/boundary, in horizontal planes. For the theme and its related back ground information shall be reported by the students along with explaining our design process, so I would like to just focus about how I felt during design development with students and the maturity of students design ability during this Camp and at the end to give some suggestions for future workshops such as this.

As I mentioned in the beginning, it is not easy to organize this sort of international workshop. I am sure it was a big challenge for the organizer, Tsinghua College of Art (especially on Prof. Yang Dongjiang, the project manager), to have more than two universities and also more than two countries in one workshop. But allowing and inviting various colleges from different regions of China and from Korea this year was one of the biggest benefit as well as advantage given to the students and professors in the Camp. Today, we all realize the importance of inter-active exchanges or co-operative exchanges in many different disciplines. However, as much as we like to have real and mutual exchanges, it is often not realized due to its cost, communication, timing and lack of preparation issues. Considering these difficulties, this year's Camp was also facing some challenges in the beginning but with many supports and understanding between tutors and students, the result was superior. I found all schools participated in this year's Camp were outstanding based on what I encountered during the days of event. Students from each and every universities were bright and willing to try and most of all very aggressive to learn something new. As myself and Prof. Suh had brought in 10 Korean students (also from various colleges), we had received many complaints in the very beginning of the workshop. As Korean students already knew about the material categories and prepared their own background concepts before they left Korea, they wanted to take some charges without considering the condition of Chinese students who were not informed about the theme and materials ahead of time. Since there was difference in time of understanding materials and theme, at first Korean students thought the workshop was too slow. Then after few days of making serious interaction among themselves between Chinese students, they began to mingle, mix, and really bonding together to make "one" project. It was important to use or borrow individual's idea but this workshop gave everyone a lesson that a group of powerful individual coordinating and cooperating gives better results and stronger idea at the end.

Anywhere in the world, we now have so many intelligent "individual" and those falls into the world of "me-ism"; I am the only one, I am important, I am me and me is everything. Me exist in the world of own and does not want to be bothered by others so use MP3 to listen music, DMB to watch any media in own time zone.. etc. But as much as people find it convenient to stay in "me-ism" world, the world of "us" and "our team" is more comforting and has good humanistic emotion. If there is one thing students had learned through this workshop, I hope it is the art of "team work". Yes, we all know it is easy to do all things by yourself but then you only get one direction of mind. As soon as you open your mind and shift your paradigm, you get to work with many interesting minds and it will make your work richer. Now it is a matter of how you coordinate and support the team work. To do it with great success, you will have to be a strong individual with creative minds, full of good information, update your data, and have to be open minded. And also we cannot forget the help of our sculpture teacher, Prof. Wei Er Qiang who showed us great example of humbleness and art of sharing.

GRG was just one material given at the Camp. It had many possibilities. If we did not research enough, if we did not have enough (sometimes endless) discussions and debates, we would have not arrived on the result we had. After we completed our model, students and tutors had lay down over the model and stretched our arm to hold each other's arm. It was a good feeling to make a complete circle of team work and it was good to see the concept pulled through to realize as the form we made. Students were brave enough not to give up their ideas and aggressive enough to push for new opportunities.

I like to suggest to all for the future, I think we should allow each team to have pre-discussion through on-line(email or blog, etc) before Camp so they don't waste their first 2-3 days to think about materials and concept at the same time. If they had that preparation time, there would have been less difficulty in coordinating team project. I think 2 weeks of "face to face" team work is good enough as long as we organize on-line pre-meeting by each teams. But no matter what, we should continue to challenge ourselves to win over difficulties and never give up on interactive relationship. All of us may forget about small details about the Camp in few years, but I am sure the ideas we shared and difficulties we conquered between two weeks will always stay in our heart. Thank you for all your effort and see you soon.

防火板小组

前期调研

防火板的特点

防火板的学名为热固性树脂浸渍纸高压装饰层积板,又称耐火板、高压三聚氢胺树脂层层压板。防火板是由含浸三聚氰胺树脂的高级装饰纸和含浸酚树脂的牛皮纸,经干燥后叠合在一起,在热压机中通过约150℃的高温和每平方英寸1430磅的高压,再经过裁切、砂磨等步骤加工而成的。

防火板的图案、花色丰富多彩,表面平整、处理变化多样、不易变形、使用寿命较长,具有防火、防潮、防霉、耐高温、耐磨、耐撞击、易清洁、不用涂漆等特征;而且针对不同的使用场所,防火板还有特殊抗酸碱、抗ＵＶ日照或者难燃等特性的特殊板可供选用。但防火板也存在一些缺点,例如必须作封边处理,即使有弯曲规格的板材也只能进行二维弯曲而无法四维弯曲,对于追求特殊造型的需求较难满足。

1. 按表面纹理分类

(1)素色系列防火板:按照不同色彩、明度设计的素色防火板。

(2)木纹系列防火板:仿照天然树木的纵向与横向纹理设计而成,可与素色防火板搭配使用。

(3)图案系列防火板:仿照天然石材的纹理或各类图案制成。

(4)金属系列防火板:表层结合金属材质,加以着色或者给予不同图案与凹凸的表面处理,透过金属材料的运用,表现科技与生活的高度结合。

(5)木皮系列防火板:以天然木皮染色制成的防火板,保留天然木皮的毛细孔与质感。

2. 按表面质感分类

(1)平面纹理防火板:如珍珠绒面、光面、雾面、天然木皮面等。

(2)立体纹理防火板:如雕刻横纹、垂直立纹、横纹、方格纹、菱格纹等。

(3)仿真纹理防火板:如仿造木皮或者原木质感的柔雾面、天然木皮面、原木刷纹、纤直纹等。

3. 按板材特性分类

(1)平板:具有较佳的耐摩擦性,多用于桌面、厨具台面、展示柜水平面层板等。

(2)弯曲板:板材具有可弯曲特性,适用于各类R角造型。

(3)抗化板:独特的耐强酸强碱特性,特别适合用在实验室设备以及其他可能会用到酸碱类物品的空间。

(4)户外专用板:具有超优的防UV日晒与耐气候侵蚀特性,不易褪色,不龟裂,不变形,适用于室外空间或庭院家具制作。

关于

富美家公司于1913年由Herbert A. Faber及Daniel O'Conor在美国俄亥俄州辛辛那提市成立，至今已有90余年的历史。成立之初所制造的产品具备耐火、防潮、耐高温的特性，用来取代云母片（For-Mica），从而发明了现代装饰防火板并命名为Formica——富美家。

作为国际型企业，近百年来富美家一直致力于开发和创造新型室内建筑装饰材料，引领及推广流行色彩的材料运用，用心满足不同层面的需求与个性化的生活要求，提供完整的表面饰材产品，包括高级装饰防火板、彩虹芯TM、金丽金属装饰防火板、富美家原木饰板、富美家创艺板TM、抗倍特板、富美家实验室台面系列、色丽石以及富美家闪星石TM等材料，富美家已经成为全世界建筑专业设计师所指定选用之第一品牌。

富美家目前在全球拥有26家工厂，在170多个国家设有办事机构及经销商，2007年富美家公司成为Fletcher Building集团的一员，成为全球最大的表面饰材及装饰防火板制造商。

防火板小组

■带队专家：
彭军、王强、邱晓葵

■合作企业：
上海富美家装饰材料有限公司

■小组成员：
周宇（清华大学美术学院）
李诗雯（清华大学美术学院）
郑华（清华大学美术学院）
赵世超（清华大学美术学院）
龙云飞（天津美术学院）
张栋栋（中央美术学院）
Yi Chulhee（韩国）
YIM Sookyung（韩国）

创作笔记

2009年7月1日 在富美家装饰材料有限公司参观调研

7月1日我们小组进行了对富美家装饰材料有限公司的调研工作，在公司陈小姐的细心讲解下，我们了解到了富美家的历史、防火板的特点以及它的施工工艺。

富美家高级装饰耐火板是由高级进口装饰纸、进口牛皮纸经过含浸、烘干、高温高压等加工步骤制作而成的，是现代室内装饰不可或缺的装饰材料，共有10多个系列，400余种不同的颜色和纹理。

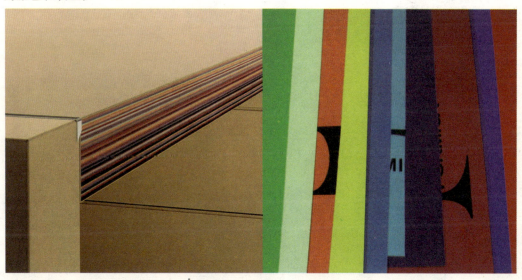

富美家的另一种新产品是由芯材、胶粘剂系统、金属薄膜等构成的金属板，它的材料有铝、古铜、不锈钢、黄铜和钢，表面纹理可以处理成自然面、拉丝面、交错拉丝面、亚光面、磨光面、长线拉丝面或木面等，并由电脑测量系统严格控制，由不同的表面处理和质地相结合，或由2～3种金属薄膜相结合，可以产生新的花色。表面保护种类可以分为环氧涂层（同食品罐头内层涂料）、聚酯涂层（注意：含丙酮物质将会破坏聚酯涂层）、抗紫外涂层、电镀和无任何保护涂层等。在施工工艺的处理上一定要与基层板相结合使用，例如细木工板、密度板、刨花板等；使用碳钢制手动或电动工具来切割加工；选用良好的胶粘剂，白胶（需要时间固定形态）、强力胶以及平衡板。

2009年7月1~2日 讨论和汇报方案

7月1日我们聚在一起讨论设计概念。我们首先对防火板的特性进行了分析总结，认为这种板材的肌理与色彩十分丰富，可依据设计想法随意选取，而且没有边界，厚度较薄且质地较脆，但是韧性差，不易独立成形，必须依附于其他材料使用，主要的作用是饰面。大家将各自的想法一一阐述，天津美术学院的王强老师也与大家一起探讨方案，韩国组员十分尽心地制作了模型。各抒己见后，发现大家的想法比较多元，形式上有打散重组的，有旋转的，有折叠立体的等。下午，邱晓葵老师就目前的进度也提出了一些建议，对题目和活动进行了一些解读。最终集中大家方案的优点提出了一个新的方案——针对"炫"的概念，旨在充分展现防火板的装饰性能。

7月2日，根据老师、同学们的意见反馈，大家继续深化方案，新的想法层出不穷，经过了几番周折与意见综合，方案大致还是延

续了先前的概念和方向，稍有调整的是将原来的圆曲造型改成手撕纸的效果，这样不仅表现形式更强，而且也体现了防火板的多用性能。与此同时，由于时间紧迫，材料的种类选择及尺寸的确定也在紧锣密鼓地进行中。由于防火板颜色多得不可胜数，各种肌理也让我们无从下手，思来想去，经过几番排列挑选，最终我们决定以比较单纯、原始的板材为原料，并初步确定了13种具有广泛代表性的颜色。

2009年7月3～10日　创意制作

一、方案制作的可行性研究

基于防火板这种薄而脆、无法作为结构材料的特性，当初我们设想的是运用粗细有别的有机玻璃柱做结构，来支撑立面主视墙，或在主视墙外钢框架下运用透明绳来吊起层层的防火板，达到虚与实、炫与幻的效果。但在模型研究中发现我们很难使防火板达到平整的效果，进而使方案缺失纯粹性。

关于支撑构架的具体材料，常用的主要是木夹板、大芯板、刨花板和细木工板等几种。其中，木夹板的造价高，大芯板的裁切断面有毛病，刨花板受潮后易胀裂。因此，在有限的条件下，平衡了各种材料的优、缺点后，我们选择了材料特性适中的中密度板材，结构则以加胶钉装的方式来实现。

二、CAD划分材料切割线

根据购置的材料和作品尺寸的设定，我们在CAD中画出合理的材料裁切图，这样可避免材料浪费，节省了时间、提高了效率。由于作品尺寸的多样性与固定的板材尺寸，我们画了50多张不同加工方式的CAD图，对于防火板这种贴面材料，我们加工时把尺寸设定得比密度板尺寸多出3～6mm，以便于粘贴后修边。

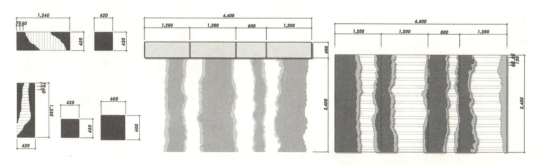

三、板材切割

根据预画的CAD尺寸图，我们开始进行板材的切割与加工。主体板材的切割在地下木工室进行，由工房师傅帮忙一起裁切，密度板重达30kg/张，20张密度板被裁为17种尺寸、252块。10张金属镜面板被裁为18种尺寸、34块，26张彩色防火板被裁为9种尺寸、286块，欲设损耗防火板30余块，手撕金属板则由同学们亲自控制裁切，以达到预设的艺术效果。防火板经过裁切实验，发现在加工过程中防火板大概会有低于5％的裂边情况，基于此，在防火板的数量上我们增加了10％的裁切损耗。

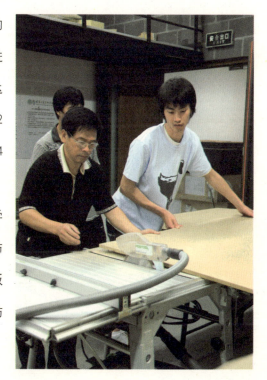

关于艺术化手撕金属板,它具有随意性、自然性、形态丰富、受人的情感化约束的特点,于是我们选用两种模式结合和约束,首先是把1:10的模型进行不断推敲、选取,来控制整体的比例关系与大的形态样式,以解决放样后细节缺失、变化不够丰富自然的问题。我们选用同学以放样的CAD约束下来撕取的方式,然后将撕好的纸样粘到防火板上,用曲线锯来切割最后的艺术化面材。

四、板材搭接与防火板粘贴

裁切结束后各式的板材,我们需按照搭接——挑色——帖面——排序——擦洗——拼装——组合——帖面——平面的顺序来操作。搭接拼装时我们选用了有一定危险性的气泵气枪来提高我们的工作效率。我们将上百块板组合为小单元体。

小单元体组合后就是挑选裁好对应尺寸的防火板切割完的防火板——对应的粘合到搭接好

的密度板块上，购置的强力胶气味出乎意料的刺鼻，这种强力胶的技术性在于，需先把要粘合的两边整体均匀的刷一遍，再用刮刀进一步刮匀，晾干到不再粘手后，将两边对齐压到一起，这样才能更加牢固。长方形小单元体的贴面，则需要贴完一个面后进行修边再贴第二个面，经过几轮的反复，才能完成小单元体的面层粘贴。诸如此类的板子总数达600多块，工作量非常大，但大家仍毫不懈怠，在保证质量的同时尽量把工作赶在前面，提高效率。

出于节省材料与成本，我们以不同身高人的尺度来控制减少双层贴面的数量，以绝大部分观展人的尺度，只挑选高度处于1400~1900mm之间的色板进行双层贴面，以最低的成本达成最佳的效果。密度板构架配合了丰富的颜色排列，颜色排列方式确定以单纯的渐变给人更强烈的视觉享受。

五、单元体搬运与安装

构件组成的大单元体制作基本完毕后,便要把它们从地下一层工房运到五层,这可真是体力活,每个单元体都有几百斤重,我们借助两辆手推车,一一将其搬运完毕,然后将组与组之间用螺栓进行了连接。再次用酒精对附着在表层的胶粘剂进行了擦除。

将主体部分摆放到位后就要进行表层金属板与浅灰色手撕防火板的粘贴了。大家齐动手把撕裂效果的镜面防火板摆到合适位置,在贴金属面防火板之前,大家在即将被覆盖的地方签上了自己的名字,写上了对作品的美好祝愿。撕掉了防火板上的保护膜,靓丽的作品已基本最终呈现出来。

六、方案细部调整

经过一段时间的制作,同时对照我们的方案Sketchup模型效果,我们发现镜面金属板是很难达到完全平整的效果。基于此,大家又开始反思手撕镜面金属板是否会太亮,如何解决难以平整反射的问题,是否反射的全是被变形的周围环境而扰乱了视觉效果,反射后能否压住后面斑斓的色彩。种种细节待于我们思考,经一番讨论,于是我们决定在立面最表面的手撕金属板前在增加一层灰色手撕防火板,使得作品更加稳重和整体化,也达到了预想的效果。在与企业的陈小姐联系后,5张深灰色防火板也被运到了制作场地。

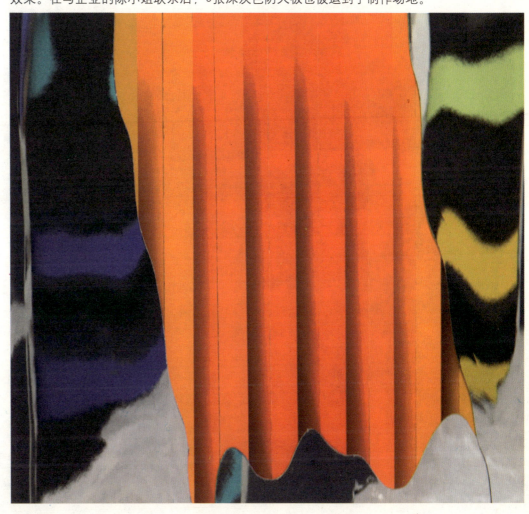

七、视觉元素制作及整体调整

关于作品的说明，概念，思考等我们也以刻字的方式整合到作品中，包括主立面上的概念阐释，以及作品前方的CUBE上的趣味签名。

漂亮的无尽的倒影延续了"界"的概念，旁边可以撕扯的立方体让人们亲手体会"界"的建立与沟通。

作品概述

依据防火板不同于其他各组装饰材料的特点,即色彩和肌理十分丰富,我们确定了的"炫彩"的表现重点。

通过对"界·界面"的分析理解和重新阐释,我们决定其中的"划分、毗邻"作为延展点,认为"界、界面"暗示着"另一个空间的存在",其沟通的意义大于分隔的意义,意味着更多的维度的存在。它是一个空间的终点,更是另一个空间的起点。我们决意要表现这个沟通的过程,这个由实变虚、由阻隔到沟通的过程,于是选取"撕开"这个具体的动作和形态来表现,通过沟通两个世界的有层次的"撕开",可以发现新世界。

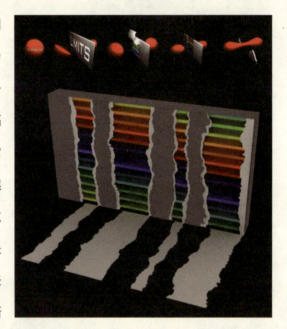

在具体形态和材料的选取上,基本是围绕概念的延续:
(1)主视墙的彩虹格栅。格栅是为了体现完整的形态和对通透深度的保证,色彩是为了体现材料的特性。
(2)手撕金属板效果。分前后两层是为了丰富层次,使用灰色是为了统一并压住后面斑斓的色彩。

(3)铺地镜面金属板。延续手撕的效果与主视墙联为一体，同时其倒影也是"界"的延续和深化。

(4)主题前的盒子，分别强化这个作品的各个特点：①冷色直立的盒子呼应彩虹色中的冷色，同时可以让受众亲手撕下上面的覆盖物，体会"撕开、沟通、发现新世界"的主题用心。②暖色横躺的盒子呼应彩虹色中的暖色，供人休息，也是手撕效果；金属影射作品本身强调延续界的绵延不断、层次丰富，同时也作为签名使用，隐性融入作品中。

炫！！！

彭军

防火板的视觉效果可以说是绚丽夺目的：既有多彩的色种、又有变幻的肌理，或滑亮如镜、或抚之如朴，毕竟是专用于饰面的材料，当然有它独特的面相——炫！

不过，要想在设计中表现出这种独特的炫的效果，可不是想当然的那样简单：要有驾驭这种材料的特性来体现创意的能力，否则，就会闹出"东施效颦"的尴尬来。

中国的艺术设计教育有时在不经意间会醉心于玩理念的文人情结中，而艺术设计这个行当毕竟不能把仅在纸面上的勾勾画画当饭吃，如果不将它做出来，有何意义？或许是有些人在传统的潜意识中将劳作视为下里巴人的专属，至少是对现代设计的过程式教学理解尚浅，搞得国内的一些设计教学对学生动手能力的培养和材料性能、工艺、成本等设计所必须的实践技能、知识贫缺，所以不由得有"高贵者最愚蠢，卑贱者最聪明"的感叹……

"创意未来——装饰材料创作营"活动通过组织学生以团队合作的形式、在动手制作的过程中体验不同特性的材料，掌握科学的工艺流程、合理的成本核算，相互交流与启发，去

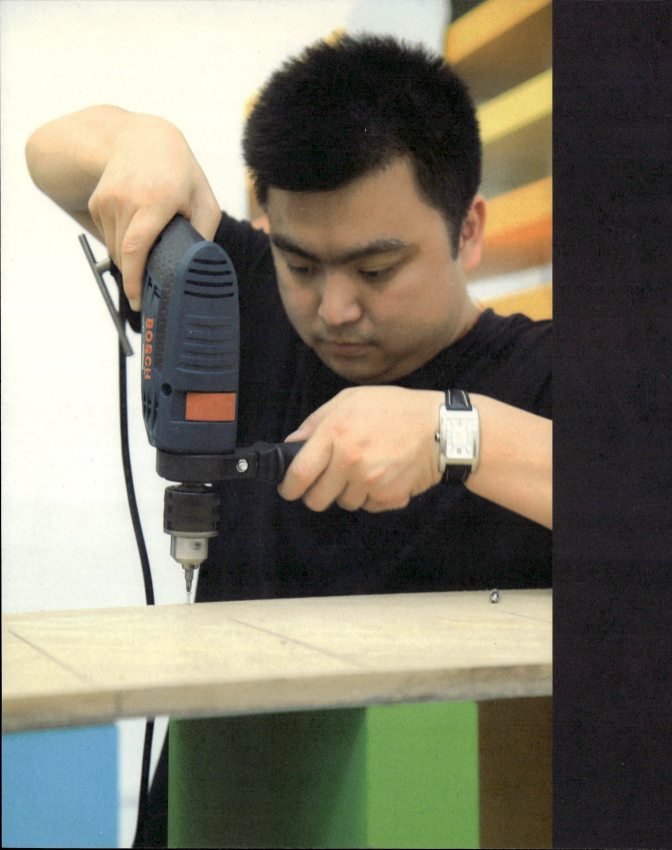

探寻不同的创意空间，激发新的设计思路，以达到"提高对材料的理解和认识，建立与材料的互动和情感；将空间概念的内涵进行全新界定；以可持续的眼光看待材料，积极探索材料应用的、新的可能性；通过对形体的塑造，增强对于材料的质感和可塑性的认识；学习对细部设计及构造的研究方法"的目的。在清华大学美术学院主办的"创意未来——装饰材料创作营"，在杨冬江博士的精心策划下，在热心于设计教育的企业家的支持下，其专业示范效应越来越令同行所瞩目。

此次活动我指导的防火板组可以说是此次创作营活动过程的一个缩影，在这个由中、韩80后学生组成的团队中，每位学生都表现出了鲜明的个性，所体现出的合作精神和学习态度令我印象深刻。学生由于初次接触防火板，从在设计创意的开始阶段的束手无措、到在老师的指导下逐步找到了利用材料的特性展开的创意思路，从从没有制作经历，到认识制作工艺对设计实施的重要性，从齐心协力地分工制作，到历尽艰辛地完成集体的创作作品，经历了迷茫、彷徨、辛劳和欢畅，创作、制作的过程也是他们知识、能力和合作精神升华的过程，收获的不仅是一件得到大家好评的装置艺术作品，还有弥足珍贵的友谊和难忘的记忆。

在作品完成即将展现的时候，我提议的作品名称《炫》
得到了学生们雀跃的回应：
炫的作品！
炫的过程！！
炫的学生们！！！

材料创作实践与环境艺术设计教学展望

邱晓葵

材料既是设计的物质基础和条件,也为我们提供了丰富的创作灵感,人类是在发掘和认识材料中提高设计意识的。我们通过对材料的认识过程会发现更多的可利用材料,从根本上改变以往传统上对材料的运用手法,而达到提高设计意识的根本目的。

设计师借助于不同的材料进行精神创造,形成了丰富多彩的空间环境。如今我们已能够看到一些设计在材料形式语言的表现上出现了重大突破,在运用传统材料语言时开始与新的技术手段及形式语言相结合,打破了传统单一的材料语言模式,不再单纯满足空间本体意义上的需要,而是更多地体现出独立意义上的材料魅力。

有关材料的污染一般人会直接想到的是甲醛、苯、氡、氨等材料中的有害物质,而作为材料视觉上的污染却很少人提及与关注。作为视觉上的污染应该是指材料的堆砌,并没有把材料的潜质充分的发挥出来,同样的材料运用方式创造出的是单质的视野。视觉生态学家认为,千篇一律的东西会让人心情不舒畅,甚至会烦躁不安。这是因为人的神经细胞是按照自己的规律在工作的,而人的大脑又不喜欢千篇一律的东西。然而,我们所在的环境最终是通过材料创造出来的，在很多时候，常规化地使用材料所传达给我们的是一种很单调的信息，这样看久了，大脑自然就会产生烦躁的情绪。

设计师虽然可以接触到多种装饰材料，但设计作品绝不是各种材料的堆砌，设计师应合理而巧妙地利用不同的材料来体现自己的设计。材料对设计师而言，它既是可视可触的物质材料的组合，同时也是设计理念和艺术风格的表现。创作可以利用材料的某一特性，改变其外部特征并赋予其新的形式和内涵，使其产生新的视觉效果，给人以美的享受。

材料实验是在环境艺术设计教学实践当中对材料的多样性进行初探，创作营活动的本身也是对于传统材料教学模式的改革，关注材料创作训练的精神体验是试验的目的之一，同时材料质感的优劣在于操控时可以得到体验和感知。我们在整个活动当中会引导学生从容地审视相对陌生的材料领域，以多年的艺术素养及智慧拉动材料创作的兴奋点。材料创作本身应该不是模仿而是创造，应在过程中体验材料的硬度、耐水性、耐磨等特性，这确实是帮助学生最近距离地接触材料、了解材料的有效途径。从最终的学生成果里能发现他们最大限度地发挥了每一种材料的优势，充分显示出材料创作的作用和魅力。

实践对于环境艺术设计专业学生的学习是及其重要的，以往我们在教学中只进行小尺度的材料试验和个体行为的材料创作练习，而像材料创作营这种方式需要整个营员之间的配合；并且要求在有限的时间、有限的资金内完成整个设计与制作工作，无疑对任何人来讲

都不是易事。当下国内环境艺术设计教育普遍最薄弱的是实践环节:一方面,学生们走出校门时缺乏对实际情况的了解,而现实中大多数的设计作品是由设计人、业主、施工方三者之间的相互配合而完成的,因而我们在教学中不能脱离实际,要重视培养学生综合解决复杂多重问题的能力;而另一方面,今后我们要在教学中加强专业理论和正规化教育,培养工作方法,改进我国现今环境艺术设计专业缺乏自我管理的教育机制,以形成良性的循环。

其次,我国在经历了30年经济的快速发展阶段后,暴露出对文化的饥渴要求,今天在艺术这一高级层面的期待上已经越来越不能满足社会的需求了。对于环境艺术设计而言,在艺术性、审美等体验方面的欠缺愈益明显显露出来,因而,我们的专业教学必须发挥美术院校的优势,以建立在美术院校背景下的基础、技术、艺术和理论的专业教学结构,并强调对现实的体验和直觉的感知,在创作中充分体现复杂的人文需要与艺术的综合能力。

木板材小组

前期调研

木地板的知识

自古以来，就有用木质材料做地面装修与装饰的传统。现代意义上的木地板，在我国发起于20世纪80年代。木地板以其舒适的脚感、真木纹理、保温除凉等性能受到消费者的喜爱，并且随着居民收入的增长与生活水平的提升，走入了更多的百姓家庭，成为居家装修地面材料的首选。近年，随着仿古地板的出现，木地板在居家装修中的装饰作用日益明显，通过地板表面的手工处理，勾勒出立体刻痕，与周围环境搭配，起到美化居家环境的作用。以材料为标准，木地板可分为实木地板、实木复合地板、强化地板、竹地板、软木地板等几种。

(1)实木地板：用天然木材，不经过粘结处理，用机械设备加工而成。该地板的特点是保持木材的天然性能。

(2)实木复合地板：以实木交错压贴做为基材，表面敷贴一定厚度的珍贵材为面板，通过合成树脂胶热压而成。特点是抗变形与抗开裂性能好。适合地热使用。

(3)强化地板：表层是含有耐磨材料的三聚氰胺树脂浸渍装饰纸，芯层为中、高密度纤维板或刨花板，底层为浸渍酚醛树脂的平衡纸。特点是耐磨性好。

(4)竹地板：采用单独竹质材料或竹加木材料加工而成。竹地板的特点是耐磨，比重大于传统的木材，经过防虫、防腐处理加工而成，颜色有漂白与碳化两种。

(5)软木地板：以栓皮栎树的树皮为原料，经过粉碎、热压而成板材，再通过机械设备加工成地板。特点是柔软、静声、有温暖感。

(6)仿古地板：是相对于传统平面地板而言的，通过手工方式对地板表面进行打磨、刮刻等处理，制造立体纹路效果。特点是改变单调的木地板表象，更具有美饰效果。

关于

生活家（ELEGANT LIVING）始创于1996年，是一家致力于满足全球消费者居家木制品需求的企业，为全球最大的仿古地板生产企业之一，拥有生活家、生活家·巴洛克两大品牌，经营范围涵盖实木复合地板、仿古地板、强化地板、生态地板、实木地板，以及地板基材、辅料等，在广东、天津、江苏、四川等地设立多个生产、研发基地，拥有超过1800名员工。

生活家具有林木资源的长期应用优势，母公司马来西亚三林环球有限公司在全球拥有超过400万hm²的森林资源。具有强大的研发与产品创新能力，与中国林科院木材工业研究所等国内外知名机构建立紧密合作关系，聘请国内外行业专家为技术顾问，并自主拥有木材与新品实验室，拥有先进的研发与品质检测设备。

在国外，设立联络机构，与众多国际地板巨头建立长期供货关系。在国内，建立健全的销售、服务网络体系，拥有超过500家销售体验中心，数千名专业居家顾问与顾客服务工程师，通过"金钥匙服务"系统的实施，为消费者提供高质量的服务内容。秉承"务求完美"的工作标准，以持续创新能力为经营特色，生活家将在居家木制品领域为全球消费者提供更为优质与经典的产品，更为完善与尊贵的服务。

木板材小组

■带队专家：
杨冬江、傅祎、崔冬晖

■合作企业：
巴洛克木业（中山）有限公司

■小组成员：
彭喆（清华大学美术学院）
王晓汀（中央美术学院）
苏圣亮（上海大学美术学院）
KIM Jisun（韩国）
LEE Yusun（韩国）
郭晓磊（清华大学美术学院）
赵希（清华大学美术学院）
刘梦婕（清华大学美术学院）

创作笔记

2009年6月22～26日 在"生活家——巴洛克木材厂"参观考察

板材组的成员参观了"生活家——巴洛克"木材厂。最大的感受就是生产线的每个环节都非常的细致认真，木材厂的工人和技术人员从最开始的选料到最后的面漆涂刷都有一套非常严格的工作程序和检验程序。给我们印象最深的是手刮生产部门，整个部门都是全手工操作，这使得巴洛克地板成为最有质量保证的品牌。

参观生活非常有意义，它让我们有了最初的灵感和方向。厂家也为我们选材提供了很大的空间，包括各种各样的木材纹理色彩和质地的选择。

2009年7月1~3日 方案研讨

大家互相认识后，合作就开始了。我们最开始从"界"这个主题出发进行思考，我们认为这是一个非常具有中国文化的文字，于是以这个作为出发点，提出了3个空间概念：

⑴空间和墙面限制人的行为。

⑵人的行为组合打破了空间的有机组合和本质。

⑶如果人通过空间，空间对这个行为本身会给出反应并且留下痕迹。

每个同学对概念都有独特的理解，有人偏重于材料表现力，有人倾向于文化的意味，还有人更加注重形式的表现和视觉冲击力。于是我们将每个人的方案的亮点进行了统一，确定了一个初期方案，即："界"是有限和无限的统一体，我们把墙面的动与不动相结合，希望人可以通过墙面的移动感受到界限的自由和变动，同时墙面的固定又让人体会到界限可以限制人的行为活动。

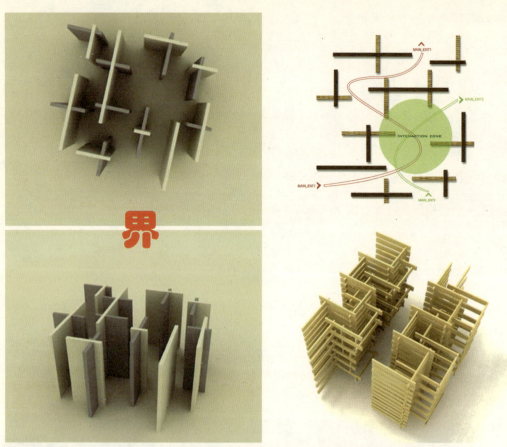

然而墙体的移动和固定对于木板材来说非常的困难，也很难反映出板材的本身的特色，技术和材料的条件对我们的方案有很大的限制。在老师的指导下，我们对细节和进一步的问题进行了探讨，结合技术条件进行了一些节点的设计和构想，并且做了材料本身的实验，探讨方案可能呈现出的多种可能性。

我们最终决定通过不同的阵列方式来达到良好的视觉效果，同时让本身地面的材料延伸到空间和立面上，对于"界"的概念进行新的诠释。"界"，于有形和无形之中，通过动与静的结合，具有有限和无限的多种可能性。

2009年7月4~10日 创意制作

一、设置模数

有了比较成熟的方案以后，我们便开始动手制作。我们所定的木地板都是成品，选定了两种颜色来搭配，整个模型所需要的木地板一共有500多块，两种颜色各占一半。地板的长度共有4种：910mm、550mm、455mm及255mm。每块板的上插接口均宽15mm（与木地板厚度一致），其定位均是从地板的边缘起向内120mm处。我们的模型从平面可以清楚地看到"回"字的概念，所以在设定板材尺寸的时候，我们是分成两个区域来计算的，以方便后面裁切和组装。"回"字的外"口"部分使用了910mm、550mm及255mm这几个长度的木地板；内"口"部分使用的是550mm和255mm这两种长度的木地板。

二、分析结构

我们为了解决结构稳定这个问题，通过草模制作，3D建模等各种方式，以及大量的计算，确定了每块木板需要多少个插接口，以及每个插接口需要切多深、多宽。通过多种插接方式的实验，最后我们采取了切口两两相插接的方法，木板交叉搭接成90°，达到一种比较稳定的结构。

三、切割木材

在我们设定好每个单元的模数后，接下来的工作就是按照计算好的尺寸进行切割。这也是我们组在整个制作过程中，遇到问题最多、工作量最大的一个环节。

木板材的切割工作并不简单，首先，每块地板都要切4个插接槽（只有255mm的板每块需要2个插接槽），这样算来，我们有将近2000个插接口要切割；其次，由于木地板很厚，硬度也很强，所以只能用机器来切割，由于机器数量有限，我们的工作时间大大加长了，最后我们整整花了2天3夜的时间才把所有的板切割完。

在切割的过程中也遇到了相当棘手的问题，由于机器很难控制，我们很难将插接口切割得非常精确，零点几毫米的微差就会导致其在插接的时候不牢固。后来我们就把插接口锯得比实际需要尺寸要小一些，然后再通过打磨达到合适的尺寸。裁切木板的同时，同学们也相应进行了分工，切割、打磨、搬运、分类、计算等工作同步进行。

四、背面附漆

直至7月7日，所有的木板都已经按照我们所计划的裁好，接下来的就是刷漆工作。众所周知，木板材有两个面，正面是漂亮的木材机理，背面则是未经处理过的木材表面。由于背面的纹理多样，木材色彩深浅不一，以及一些商标文字难以处理，我们最终选择了在背后刷上白漆的方法，这样一方面能够突出正面很好看的纹理，另一方面可以让背面更加统一突出。

我们先派同学去金五星建材市场买白漆和稀料，在选择上我们大费了一番周章，最终选择了水溶性的油漆，这样就更加方便清洗。然后我们买了必不可少的刷子和手套，要开始粉刷匠的工作了。但是，当真正进行粉刷工作的时候才发现其中有很多的技巧，比如说漆层

的薄厚控制、木板的槽怎么才能全部都刷上漆等。我们为了把木板全部的背面都刷上漆,油漆就难免会滴到木地板正面,这就需要在全部完工后再做表面的清洗工作。这尽管又增加了新的工作量,但大家依旧乐此不疲,热火朝天地进行着粉刷的工作。

大家非常卖力和配合,高处的木板需要借助男生的帮助才能刷到,或者是踩在凳子上粉刷,模型上的每一处都有大家的心血和辛苦。直到7月8日上午,我们终于结束了所有的粉刷工作。

五、木材拼装

7月8日下午,待所有的木板都晾干以后,就开始我们的搭接工作了。整个模型高度是2.3m,工作流程虽然很简单但是很费体力,最有难度的就是1.6m以上高处部分的拼装,必须几个同学共同协调才能完成。我们需要保证木板材拼插后的稳定性和规整性,尽量做到没有误差,使整个模型没有偏移和错位,保证4个直角模块的高度一致。在拼装过程中,我们先进行内部小单元的拼装,然后再拼装外围的部分。

六、模型细部修整与清洗

比起上午和下午的工作,晚上的工作更是一大考验,每一处的细节都要清洗干净。起初我们是拿抹布蘸水把油漆擦干净,但是这种方法的效率非常低,必定会影响整个工作的进度。好在组长及时想出一个很好的办法:将镜面切成小块用纱布包上,这样就可以很轻松地把已经干了的油漆铲掉,然后再用水清洗局部细小的油漆点。每想出一个新的点子,大家的工作热忱又会高涨,此刻的工作情形比刷油漆的时候还要热闹。大家的身上都布满了油漆的痕迹,衣服上、头发上、腿上、鞋上,每个人都在很努力地付出。

七、镜面放置与灯光引入

7月9日时,模型大部分的工作已经完成,只剩一些收尾的工作要做。我们首先把现场清扫干净,让模型的整体环境看起来焕然一新,随后把最初买来的镜子铺在了场地中央,让模型在地面这个二维空间中显示出三维效果。

夜晚我们在模型中设置了照明,模型的虚实肌理被光线塑造得更加丰富,空间被镜面反射得更加宏伟和虚幻,影子投到旁边的墙上,产生了独特的空间效果。

模型截至目前算是基本完工了,看着辛苦多日的工作成果,大家心情都很激动。收工后,大家又马不停蹄地投身到PPT和展板的制作中,我们一定会将最好的作品展现给大家。

作品概述

"界"空间——通过有限的材料创造出无限的空间可能。空间以"界"为源头,用"界"的有限和无限,"界"的变换和永恒,作为创作的基础。我们用木板材作为材料,应用固定的模数组合和天然材料肌理达到创作的最佳状态。

平面

以中国文化内涵作为最初的创作灵感,用汉字"回"体现"界"的最初概念——轮回、临界、循环,一种无始无终的"无界"状态。

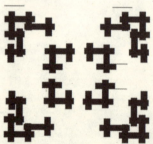

空间

对平面进行变换和组合,让空间动线形成丰富的流线,以"十"字形作为主要流线,让人行走在空间中感受到空间的交叉和时空的转换。而采用镜面反射的方式,又使地面这一界面变得模糊和虚无,令结构空间得到延伸,从而达到一种"无界"的状态。

材料

木板材则以不同形式的阵列达到空间立面的效果,纵横交错本身就是空间概念的体现。而木板材本身是一种地面界限的象征,我们把它融入墙面的界限上,模糊平面与立面关系。再通过镜面铺地把原本有限的高度上升到了无界三维空间中。

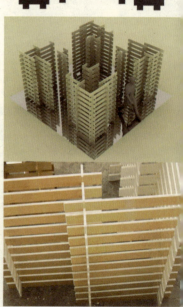

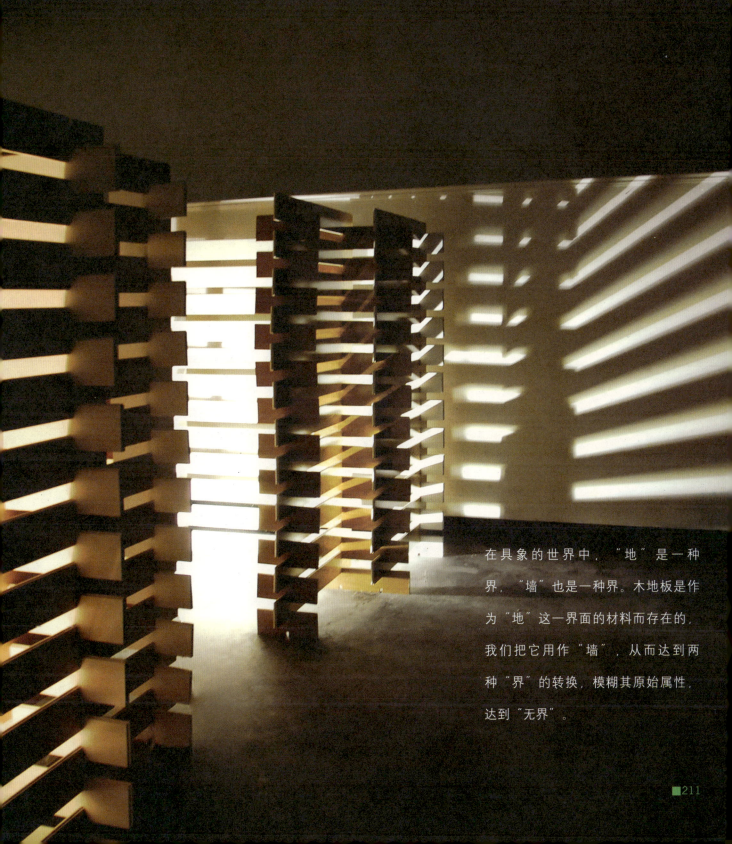

在具象的世界中,"地"是一种界,"墙"也是一种界。木地板是作为"地"这一界面的材料而存在的,我们把它用作"墙",从而达到两种"界"的转换,模糊其原始属性,达到"无界"。

装饰材料创作营的随感与展望

崔冬晖

继前两届"材料创作营"成功举办后,已经走过3年的"材料创作营"活动走到了今天。我们希望创作营通过专业教学与社会实践的有机结合,积极推进实践教学环节的改革与创新。本次的创作营以"界"作为创作主题,共分为软木、陶瓷、照明、造型、防火板和木板材6个小组。营员们需要根据所获取材料的不同特性,表达并延展这一创作主题,通过亲身的理解、触摸与创作,建立与材料的互动和情感,提高对材料的理解和认识,积极探索材料应用的新的可能性,拓展材料表达方式的极限。

这是我第三年作为带队老师跟随学生们进行创作营相关材料与制作方法的探索与创造。平心而论,每年的感受都是不尽相同的,个中滋味也是丰富多样的。我想正是这种不同的感受,恰恰说明了创作营的创作性。

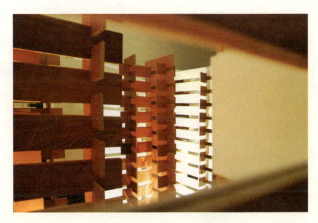

材料是室内设计中重要的表达延展介质,发展至今可谓花样翻新,形式多样。几乎每天都会有新型的材料被发明出来并投入生产。而材料在空间中的熟练、准确运用又是考量设计师能力的重要指标之一。但是,在室内设计教育中,关于材料课程的教学,往往停滞在大量材料的平面形态介绍上,对于材料的感性认识往往是十分欠缺的。这个创作营正好是解决学生对于材料感知、感悟缺乏问题的大好机会。

但是，在创作营的发展过程中，采取怎样的最终展示物，来表达学生们对于材料的理解。成了老师、同学和材料生产者们一直困惑和疑虑的问题。从形态的大小到单元的分析，从视觉的认知到材料新表现的挖掘。不同届的学生，不同材料的小组，果然给予了不同的诠释。

我想材料创作营已经经历了发展初期探试式的犹豫，在发展探试期的阶段，更多的小组注重于材料的相对简单的堆砌，与体积面的增加，导致材料的表现力没有很好地得到表达。但是，在最近几期中，经过材料营的老师们与同学的通力合作与分析，材料真正需要表达的延展性，正一点点被揭示出来，这是我最深感欣慰的地方。

不过，正如事物发展必然需要经历的一样，我们经历过了发展初期的探视。随着带队老师们经验的丰富，我们正在稳步进入创作营发展的成长期。这之后带来的发展压力可想而知，只希望本篇小文像一个小标记一样，记录现在的心态与实录，好为以后创作营更好地发展而纪念。

感谢以下机构对于本次实践教学活动的大力支持：